garten
kurz & gut

Mein Weg zum NATURGARTEN

NATÜRLICH UND ÖKOLOGISCH GÄRTNERN

Batakovic, Beneš-Oeller, Dietrich,
Haidler, Kunert, Mayrhofer, Streicher,
Strobelberger, Tüchler, Wundrak

Hrsg. NATUR im GARTEN

avBUCH

NATUR im GARTEN

Inhalt

Vorwort ... **3**

„Natur im Garten" stellt sich vor ... **4**

Warum naturnah gärtnern? ... **6**
Zurück in die Steinzeit? ... 7
Vorteile eines naturnahen Gartens ... 7
Biologische Vielfalt – wozu? ... **9**

Bestandsaufnahme ... **12**
Wie vielfältig ist der eigene Garten? ... **13**
Die Umstellung ... **16**
Radikale Veränderung ... **16**
Umstellung Schritt für Schritt ... **17**

Von Grund auf - der Boden ... **18**
Leben im Boden ... **19**
Die Schichten des Bodens ... **22**
Bodenart, Krümelstruktur und Humusaufbau ... **24**
Was Boden und Pflanzen guttut ... **25**
Organische Düngung und Heilung mit Kompost ... **30**
Mulchen – die Decke für den Gartenboden ... **33**
Der richtige Spatenstich ... **34**
Wasser marsch? ... **35**
Richtig gießen ... **38**

Zum Schutz der Pflanzen ... **40**
Chemische Pflanzenschutzmittel ... **41**
Gesunde und reiche Ernte ... **42**
Die Pflanzenschutzpyramide ... **43**
Nützliche Helfer ... **47**
Heimische Nützlinge ... **50**
Umstellung auf natürlichen Pflanzenschutz ... **53**
Tief greifende Veränderungen im Garten ... **55**

Zum Naturgarten Schritt für Schritt ... **56**
Lebenswichtige Naturräume ... **57**
Bunter Lebensraum Hecke ... **60**
Vom Rasen zur Wiese ... **63**
Der Hausbaum ... **70**
Bunte Blumenbeete ... **76**
Langlebige Stauden ... **78**
Trockensteinmauern ... **82**
Teiche im naturnahen Garten ... **87**
Pflanzen, die alleine kommen ... **94**
Der Gemüsegarten ... **100**
Kräuter im Naturgarten ... **108**
Obst im Naturgarten ... **109**

Baulichkeiten im Naturgarten ... **114**
Wechselwirkung: Gestaltung und Nutzung ... **115**
Gartenwege ... **116**
Gartenzäune ... **117**
Verschiedene Materialien ... **117**

Wie viel Natur verträgt ein Garten? ... **120**
Sich im Garten wohlfühlen ... **123**

Register ... 124
Impressum ... 126

Vorwort

Der Weg zum Naturgarten

Wieviel Natur verträgt ein Garten? Früher der Natur abgetrotzt, sind Gärten von heute oft letzte Refugien der Natur. Den Garten als immerwährendes Bild haben viele vor Augen und versuchen ihn statisch zu gestalten - mit viel Mühe, Thujenhecken oder Englischem Rasen. Wir begrüßen mehr die Natur rund um uns und die lebendige Veränderung im Jahreslauf. Wir wünschen uns, dass uns im Frühling Hummeln um uns brummeln, dass wir an heißen Sommertagen auf dem Kräuterrasen entspannen und uns in der Nacht Zikaden in den Schlaf singen, nachdem der Igel durchs Laub raschelt. Wir möchten im Herbst einen Wintervorrat an Früchten, dass buntes Laub zu Boden rieselt und dem Bodenleben hilft den jahreszeitlichen Kreislauf in gewohnter Manier zu schließen. Wir wollen hautnah erleben, wenn uns die Natur im Frühling mit neuer Kraft bezaubert.
Im Erholungs- und Lebensraum für uns, für Pflanzen und tierische Mitbewohner, die vielfältig vernetzt sind, ist klar, dass bei Gartengestaltung wie Pflege auf Vielfalt geachtet wird, dass bei der Materialwahl an die Nachhaltigkeit gedacht wird und natürlich auf chemisch-synthetische Pestizide und Dünger sowie auf Torf verzichtet wird.
Damit auch Ihr Garten zur Oase der Vielfalt wird, setzten Sie mit uns auf das ökologische Gärtnern und die Wechselwirkungen zwischen Boden, Fauna und Flora. Eine ganzjährige Einladung für Blütenbesucher und Naschkatzen aller Art sprechen Sie mit der Wahl der Pflanzen, mit Blüten und Früchten und einer bereichernden Gestaltung mit Naturgartenelementen aus. Welche das sind, verraten wir Ihnen im vorliegenden Buch auf dem Weg zum Naturgarten.

Ihr „Natur im Garten" Team

Foto: NiG/Haiden

Ein Nützlingshotel lockt viele Tiere an, die dort Unterschlupf finden.

„Natur im Garten" stellt sich vor

Seit mehr als 16 Jahren setzt sich die Aktion „Natur im Garten" für vielfältige Gärten ein, die nicht nur Wirkungsfeld und Ruheoase für jene sind, die sie gestalten und pflegen, sondern auch den Pflanzen, Tieren und Mikroorganismen darin einen ökologisch intakten Lebensraum bieten.
So wie sich ein junger Garten über die Jahre entfaltet und neue Facetten hervorbringt, hat sich der Verein „Natur im Garten" inzwischen zu einer Organisation entwickelt, die interessierte HobbygärtnerInnen durch einführende Vorträge, vertiefende Seminare, Broschüren, Magazine und die beliebten Bücher der kurz & gut-Reihe, aber auch durch die Fernsehsendung mit Biogärtner Karl Ploberger zu allen Gartenfragen informiert. Das „Natur im Garten"-Telefon steht ebenso beratend zur Seite wie die ExpertInnen vor Ort, denen die Liebe zum Gärtnern ohne Pestizide, Torf und chemisch-synthetische Mineraldünger gemeinsam ist. Mit praxisnahen Lehrgängen und Fachtagen wendet sich „Natur im Garten" an die Profis aus Gärtnereien, Garten- und Landschaftsbaubetrieben, Fachmärkten und Planungsbüros. Zertifizierte Partnerbetriebe und Gütesiegelprodukte mit dem „Natur im Garten"-Siegel unterstützen KonsumentInnen bei der Wahl von nachhaltigen Gartenprodukten und fachlich fundierten Konzeptionen.

Eine Idee treibt bunte Blüten

Die „Natur im Garten"-Idee wird nicht nur in Österreich umgesetzt, sondern ebenso in

Illustration: Monika Biermaier

Vielfalt prägt den Naturgarten.

Deutschland, in der Schweiz, in Tschechien, der Slowakei und Italien. So weite Kreise zieht mittlerweile die Aktion und treibt überall bunte kreative Blüten. Eine davon ist die „Natur im Garten"-Plakette, die in Niederösterreich fast 14.000 Gartentüren und Zäune von privaten GartenbesitzerInnen ziert und ein Bekenntnis zum ökologischen Gärtnern ist. Viele kleine und große Schaugärten öffnen ihre Pforten neugierigen BesucherInnen und laden zum Schauen, Staunen und Entdecken ihrer Naturgartenschätze ein. Gemeinschaftsgärten liegen nicht nur im städtischen Bereich, sondern auch in ländlichen Regionen im Trend und ermöglichen gärtnerischen, aber auch kulturellen Erfahrungsaustausch. Die BeraterInnen von „Natur im Garten" unterstützen solche lokalen Initiativen bei der Anlage der Gärten und in Pflegefragen mit ihrem Fach- und Erfahrungswissen.

Eine Oase der Vielfalt

Der Erfolg dieser Naturgartenidee kommt nicht von ungefähr, liegt darin doch die Suche nach einem Stückchen Gartenwelt, in der Geben und Nehmen im Gleichgewicht sind, wo die eigene Verwirklichung, Entspannung und Genuss je nach persönlicher Vorliebe möglich ist.
Doch wie wird der eigene Garten zur gesunden Oase der Vielfalt? Wie gelingt naturnahes Gärtnern von Anfang an? Wie wird der Boden belebt, damit kräftige Pflanzen heranwachsen und nützliche Tiere angelockt werden? In unserem Buch geben wir Ihnen auf all diese Fragen Antworten und begleiten Sie auf dem Weg zum Naturgarten.

Warum naturnah gärtnern?

Foto: NIG/Haiden

Beim Blick auf die Entwicklung der Weltbevölkerung wird deutlich, dass jede stärkere Zunahme an eine landwirtschaftliche Revolution gebunden war. Durch Kunstdünger und chemischen Pflanzenschutz wurde im 19. Jahrhundert der Grundstein für eine Entwicklung gelegt, die zu einer stark industrialisierten Landwirtschaft und rasch wachsender Weltbevölkerung geführt hat. Lange Zeit war man der Ansicht, was für die Landwirtschaft gut ist, kann auch dem Garten nichts schaden. So spielten etwa in der Rosenzüchtung Resistenzen gegen Pilzerkrankungen ab den 1940er- bis in die 1990er-Jahre kaum eine Rolle, denn es gab gegen jeden Schaderreger chemische Pflanzenschutzmittel. Die Meinung, dass Rosen ohne diese Spritzmittel nicht gedeihen, war weit verbreitet. Mittlerweile wird der Einsatz sogenannter synthetischer Pflanzenschutzmittel sehr kritisch gesehen. Eine Trendwende hin zu umweltfreundlicher ökologischer Wirtschaftsweise ist im Gange.

Zurück in die Steinzeit?

Die Kritik, ökologische Produktionsweisen könnten die Weltbevölkerung nicht ernähren, sondern würden uns zurück in die Steinzeit führen, tangiert uns im Garten nicht. Dennoch stellt sich die Frage: Kann die konventionelle Bewirtschaftung die Weltbevölkerung ernähren, obwohl wir heute wissen, dass sie die Böden nachhaltig zerstört und damit langfristig zu einem kaum umkehrbaren Produktionsrückgang führt? Das passiert in Europa gerade. Im Garten, der auch als Ziergarten immer noch das Potential hat, in Notzeiten Lebensmittel zu produzieren, können wir relativ leicht ohne wirtschaftliche Zwänge mit gutem Beispiel vorangehen, um produktive Flächen zu erhalten. Auch in der Landwirtschaft wird an passenden Strategien geforscht. Zurück in die Steinzeit werden wir nicht müssen, sofern wir mit modernen Technologien mit der Natur und nicht gegen sie arbeiten.

Vorteile eines naturnahen Gartens

Vorweg sei gleich einmal festgestellt: Ein ökologisch geführter Garten schont die Umwelt genauso wie unsere Gesundheit. Aber das ist nur eines von vielen Argumenten, die für naturnahes Gärtnern sprechen.

Illustration: Monika Biermaier

Wichtige Lebensräume für Tier- und Pflanzenwelt im Garten.

Wir sind gewohnt, unsere Umgebung nach unseren Wünschen zu gestalten. Dafür verwenden wir viel Zeit und Energie, z. B., wenn der Rhododendron unbedingt auch in einer trockenheißen Gegend auf einem Kalkboden kultiviert werden soll oder der Rasen aussehen muss wie ein grüner Teppich.

Eine für den Standort passende Pflanzenwahl spart dagegen nicht nur Zeit, sondern auch Geld. Bodenaustausch, Bewässerung und der Einsatz von Pestiziden können dann nämlich wegfallen. Natürlich gibt es immer auch Wunschpflanzen, die man trotz eines nicht optimalen Standortes gern haben möchte. Das darf auch sein. Es ist schon viel gewonnen, wenn das Gerüst des Gartens aus standortgerechten Pflanzen besteht.

Das ästhetische Empfinden

Ob Englischer oder Kräuterrasen ist eine Frage der Ästhetik. Wer das gleichmäßige Grün bevorzugt, kann es aber durchaus ökologisch pflegen. Hier wird zwar weder Zeit noch Geld einzusparen sein, aber das Ergebnis ist überzeugender und längerfristig ohne Neuanlage zu erhalten. Was man allerdings wissen sollte: Ein Englischer Rasen ist kein Lebensraum für eine große biologische Vielfalt. Auch das Gemüsebeet ohne Mischkultur mit anderen Gemüsearten, Kräutern oder Wildkräutern nicht. Wir müssen also mit vermehrtem Schädlingsaufkommen rechnen. Das mag nun paradox klingen – mehr Arten bedeuten doch auch mehr Schädlinge, oder? Eben nicht! Aber dazu im Kapitel „Zum Naturgarten Schritt für Schritt" mehr.

Biologische Vielfalt – wozu?

Viele Gärten sind keine geeigneten Lebensräume für unsere Tierwelt. Zu viel „ausräumende Sauberkeit" vernichtet Brutraum, Überwinterungsplätze und Unterschlupfmöglichkeiten. Nur Arten, denen die minimalen Möglichkeiten im Garten genügen, können sich gut vermehren. Im Garten wird häufig zwischen Schädlingen und Nützlingen unterschieden. Typische Gartenschädlinge können auch im ausgeräumten Garten gut leben. Nützlinge tun das nicht und andere Tierarten auch nicht. Je weiter geeignete Lebens- und vor allem Überwinterungsplätze vom Garten entfernt sind, desto länger dauert es, bis die Nützlinge die Schädlinge im Garten finden.

Die Schädlinge sind vorwiegend Pflanzenfresser, die sich mangels nützlichen Gegenspielern ausbreiten – etwa Blattläuse, die im Sommer an der Wirtspflanze leben und deren Eier den Winter über an ihr kleben. Viele Marienkäfer hingegen überwintern im abgefallenen Laub, das aber weggeräumt wird. Und das meist mit dem falschen Argument, hier würden Schaderreger überwintern.

Je weniger „sauber" ein Garten ist, desto mehr Arten finden darin einen Lebensraum. Ein Gleichgewicht entsteht, das heißt: Obwohl es mehr potenziell schädliche Arten gibt, gibt es weniger Schäden, weil für viele Lebewesen Lebensraum vorhanden ist. Beziehungsnetze spannen sich zwischen den Organismen. Die Erdhummel, die unsere Zucchini bestäuben wird, gründet ihr Nest meist in Erdlöchern von Mäusen oder Maulwürfen. Die Wurzeln des Bingelkrauts und ihre Mykorrhizapilze bereiten den Boden auf, in dem der Kohl deswegen besser wächst. Laucharten geben ihren Mykorrhizapilzen Schwefelverbindungen, die sie etwa bei Rosen gegen Zucker tauschen. Die Rosen befreien den eingetauschten Schwefel in den Blättern und bekämpfen damit Blattpilze. Die Mauerbiene, die unsere Obstbäume effizient bestäubt, brütet just in dem Loch, das der Holzwurm zuvor in den Stamm des Apfelbaums gebohrt hat. Je größer die Artenvielfalt, desto geringer sind die Schäden, die Krankheiten und Schädlinge anrichten können. Der Lebensraum reagiert „elastischer" auf Störungen.

Die Umstellung zum ökologisch gepflegten und gestalteten Biogarten kann schrittweise oder schnell umgesetzt werden.

Und selbst wenn ein „Schädling" kurzzeitig doch die Herrschaft übernimmt, kann es auch positiv gesehen werden: Frostspannerraupen, die gebietsweise alle 6–8 Jahre Gehölze kahl fressen, sorgen dafür, dass im nächsten Jahr kaum Würmer im Obst zu finden sind, denn im Jahr des Befalls gibt es ohne Bekämpfung kaum Fruchtansatz, die Fruchtfresser verhungern. Im Garten sind wir ja im Gegensatz zur Landwirtschaft nicht auf regelmäßige Ernten angewiesen. Wenn allerdings ein bestimmter Schädling oder eine bestimmte Krankheit jedes Jahr zum Problem wird, so passt eindeutig der Standort der befallenen Pflanze nicht.

Die meisten Schädlinge, wie z. B. Blattläuse und verschiedene Raupenarten – mit Ausnahme einiger im Garten bedeutender Schädlinge –, sind wirtsspezifisch. Das heißt, dass sie immer nur eine bestimmte Pflanzenart befallen. **Die Blattlaus also, die auf einer Wildpflanze sitzt, wird keine Nutzpflanzen schädigen. Lassen Sie verlauste Wildpflanzen deshalb ruhig stehen, sie dienen Nützlingen als Futterquelle.**

Grundpfeiler der Umstellung

Grundlegend für den Naturgarten sind folgende Kernkriterien:
Verzicht auf
- synthetische Pestizide
- chemisch-synthetische Dünger (Kunstdünger)
- Torf

Pestizide

Unter dem Begriff Pestizide werden verschiedene Pflanzenschutzmittel zusammengefasst, nämlich Insektizide (gegen Insekten), Acarizide (gegen Milben), Fungizide (gegen Pilze) und Herbizide gegen Beikräuter. Es gibt recht gezielt wirksame sogenannte nützlingsschonende Pestizide, die nur ganz bestimmte Schaderreger erfassen, genauso wie Breitbandpestizide, die mehr oder weniger alles vernichten. Kollateralschäden gibt es allerdings immer. Auch unsere eigene Gesundheit gehört oft genug dazu.

Neben den synthetischen gibt es auch natürliche („biologische") Pestizide. Diese natürlich vorkommenden Giftstoffe werden binnen kurzer Zeit vollständig abgebaut. Was die Natur herstellt, kann sie auch wieder zerlegen. Künstliche Gifte sind weitaus stabiler. Auch der Abbau ist nicht unproblematisch. Meistens zerfallen solche Gifte in weitere unnatürliche Abbauprodukte, die mitunter viel stabiler und oft sehr mobil sind. Sie sind oftmals für uns und unsere Umwelt nicht unbedenklich.

Aber nicht alle biologischen Mittel sind zugelassen. Nikotin etwa – ein Tabakaufguss – bringt nicht nur alle Schädlinge um, sondern vernichtet auch das Bodenleben und kommt daher im Naturgarten nicht zum Einsatz. Zugelassene biologische Mittel können verwendet werden, wenn Krankheiten oder Schädlinge Schadschwellen überschreiten und beachtliche Schäden an den Pflanzen auftreten können.

Düngung

Landläufig wird im konventionellen Anbau von Kunstdüngern gesprochen, gemeint sind hier aber Düngesalze. Sie wurden entwickelt, weil Pflanzen Nährstoffe nur in dieser Form aufnehmen können. Bei Verwendung von Kunstdüngern werden die Pflanzen gefüttert, das Bodenleben aber verhun-

Die „Natur im Garten" Plakette kann je nach Region bei „Natur im Garten" und einigen Gartenpartnern beantragt werden. Näheres finden Sie unter www.naturimgarten.at.

gert. Als Folge zerfallen die Bodenkrümel, der Boden kann kaum noch Nährstoffe speichern oder Wasser aufnehmen und verdichtet. Im Gegensatz dazu stärken organische Dünger das Bodenleben. Sie sorgen somit für einen gesunden, strukturstabilen Boden, der Regenwasser rasch aufnimmt. Dadurch erhalten wir gesunde Wurzeln und gleichmäßig ernährte, gesunde Pflanzen.

Torf

Der umsichtige Naturgärtner wünscht sich auch außerhalb seines Gartens intakte Natur und verzichtet deshalb völlig auf den Einsatz von Torf im Garten. Torfmoore gehören zu den weltweit bedrohtesten Lebensräumen und sind Heimat sehr spezialisierter Arten. Durch das extrem langsame Wachstum der Torfmoose (nur 1 Millimeter pro Jahr) sind zerstörte Moore kaum renaturierbar. Außerdem wird Torf in den üblichen Gartenböden oder im Kompost fast vollständig zu Kohlendioxid abgebaut. Zusammen mit der Verwendung als Brennmaterial ist Torf zu 5–10 Prozent an unserer CO_2-Bilanz beteiligt. (Zum Vergleich: Der Verbrauch an Treibstoffen trägt 14 Prozent bei.)

Bestandsaufnahme

Foto: shutterstock.com/Christian Mueller

Foto: shutterstock.com/Paula Fisher

Gut durchdacht, blüht der Naturgarten beinahe das ganze Jahr hindurch.

Jeder Garten ist individuell – er wird geprägt von den Menschen, die ihn pflegen, bewirtschaften und darin leben. Der Garten stellt im Gegensatz zum Wohnhaus, das über Jahre hinweg meist ein gleichbleibendes Erscheinungsbild hat, das veränderliche Prinzip dar. Vor allem Naturgärten verändern sich ständig.

Im Garten wird Raum mit Pflanzen gestaltet. Ein junger, also erst kürzlich angelegter Garten wird Jahre benötigen, bis die Gehölze ihre natürliche Größe erreicht haben. Er wird sich auch jedes Jahr verändern – einige Pflanzen gehen ein, andere kommen hinzu. Den Jahreszeiten entsprechend wird der Garten ein immer anderes Erscheinungsbild zeigen. Auch die Bedürfnisse der Menschen verändern sich und somit auch der Garten. Erholung und kreatives Betätigungsfeld, Förderung der Gesundheit, Spielraum, Selbstversorgung durch den Nutzgarten, Beobachtung und Kontemplation, Ruhe und Abgrenzung, Naturerlebnis, Erfüllung einer bestimmten Lebensweise – das alles kann ein Garten bieten.

Wie vielfältig ist der eigene Garten?

Ein Naturgarten ist am besten über die Vielfalt zu beschreiben – das optische Erscheinungsbild ist dabei nicht maßgeblich. So kann auch ein streng formal gestalteter Garten eine Vielzahl an ökologisch wertvollen Pflanzen und viele verschiedene Naturgartenelemente enthalten. Wird er ökologisch bewirtschaftet, dann können die für einen Naturgarten typischen ökologischen Kreisläufe stattfinden. Von einem ökologisch verarmten Garten bis hin zu einem sehr vielfältigen Naturgarten gibt es fließende Übergänge.

Ökologisch arme Gärten

Durch die fehlende Ausstattung mit Naturgartenelementen und ökologisch wertvollen Pflanzen – die Nahrung, Unterschlupf, Brutraum für Tiere bieten, robust und an den jeweiligen Standort angepasst sind – sowie durch Bewirtschaftungsmängel werden in ökologisch armen oder verarmten Gärten natürliche Kreisläufe gestört oder sogar ganz unterbunden. Da gibt es beispielsweise keinen Lebensraum für Nützlinge, eine geringe Artenvielfalt und oft werden durch den Einsatz chemischer Pestizide Nützlinge vernichtet. Es müssen jede Menge sogenannter Fremdmittel – verschiedenste Geräte und Maschinen, chemisch-synthetischer Pflanzenschutz und Dünger – eingesetzt werden, um den naturfremden Charakter aufrechtzuerhalten.

Und wo stehen Sie?

Ökologisch armer Garten	Entwicklungsmöglichkeiten	Naturgarten
Einseitige Strukturierung des Gartens	Wichtige Strukturelemente einbringen, z. B. Laub- oder Totholzhaufen, Trockensteinmauer.	Viele Naturgartenelemente, reich strukturierter Garten.
Verwendung unpassender Pflanzenarten	Pflanzen umsetzen; bei Neupflanzungen auf richtigen Standort und robuste Sorten achten.	An den Standort angepasste Pflanzen; robuste Sorten.
Geringe Artenvielfalt, viele Pflanzen mit geringem ökologischen Wert	Bei Neupflanzungen einheimische bzw. ökologisch wertvolle Pflanzen verwenden; Austausch von nicht standortgerechten Exoten.	Vielfalt verschiedener einheimischer und ökologisch wertvoller Pflanzenarten.
Humuszehrende Bodenbearbeitung, z. B. Umstechen, Nährstoffverluste durch gestörtes Bodenleben	Auf lockernde Bodenbearbeitung umstellen, Kompost einarbeiten, mulchen.	Schonende Bodenbearbeitung; Humusaufbau durch Zufuhr von organischer Substanz.
Fehlende Bodenbedeckung fördert Verschlämmung, Verdichtung, Auswaschung	Größere offene Flächen mit Bodendeckern bepflanzen; offenen Boden mulchen mit Rasenschnitt, Häckselgut, Laub, Stroh.	Bodenbedeckung mit Mulchmaterialien bzw. lückenlose Bodenbedeckung durch Pflanzen.
Einsatz von chemisch-synthetischem Dünger in oft zu hoher Dosierung	Verzicht oder Reduktion von chemisch-synthetischem Dünger, auf organische Dünger umstellen; genaue Dosierung entsprechend der Kulturart; mit Kompostierung beginnen.	Vollständiger Verzicht auf chemisch-synthetische Dünger, Verwendung von organischen Düngern bzw. eigenem Kompost.
Einsatz von umweltschädigenden chemischen Pflanzenschutzmitteln	Verzicht auf Pestizide und Umstieg auf Pflanzenschutzmittel, die im biologischen Anbau zugelassen sind; vermehrt auf vorbeugende Maßnahmen setzen.	Ausschließliche Verwendung von Mitteln, die im biologischen Anbau erlaubt sind, bzw. vorrangig vorbeugende Maßnahmen.
Hoher Fremdmitteleinsatz	Den Fremdmitteleinsatz reduzieren und Kreisläufe im Garten schließen durch Kompostierung, Herstellung eigener Jauchen, Häckseln.	Geschlossene Kreisläufe im Garten durch Kompostieren, Einsatz von Jauchen und eigenem Häckselgut zum Mulchen.
Einseitige Pflanzenkulturen im Nutzgarten, Monokulturen	Einfache Fruchtfolgen ausprobieren, Winterbegrünung anbauen.	Fruchtfolge, Mischkultur, Gründüngung.

Foto: NiG/Haiden

Gräser, Blumen und Gehölze - eine bunte Mischung schafft Artenvielfalt.

Pflanzenauswahl und Artenvielfalt

Die Auswahl und Vielfalt an Pflanzen im Naturgarten beeinflusst maßgeblich die Anzahl an Tierarten, die sich einfinden. Ein Grundgerüst an ökologisch wertvollen Pflanzen ist deshalb ganz wichtig für einen Naturgarten.

Als Beispiel sei der ökologisch verarmte Zierrasen genannt, der in vielen Gärten gehegt und gepflegt wird. Er beherbergt einige wenige Gräserarten, die den Boden nur flach durchwurzeln, wird im Sommer wöchentlich gemäht, wodurch die Pflanzen nie blühen. In diesem beinahe statischen Zustand ist kaum Platz für Artenreichtum. Der Übergang zum artenreichen Mischrasen und einem Kräuterrasen bis hin zur Blumenwiese ist fließend. Eine Wiese etwa beherbergt eine Fülle an Insekten, die in einem kurz gemähten Rasen keinen Lebensraum finden können. Durch eine große Vielfalt an verschiedenen Pflanzen und Strukturen werden unzählige Organismen und natürlich auch Nützlinge angelockt, die diesen Lebensraum bevölkern können. Somit wird biologischer Pflanzenschutz zu einem ganzheitlichen Konzept. Ein guter Kompromiss ist die Kombination aus Flächen mit kurzem Rasen und angrenzenden Wiesenstreifen. Umgekehrt gibt die Einfassung von bunten Blumenwiesen durch gemähte Ränder oder Wege dem Lebensraum Wiese ein gewollt gestaltetes Erscheinungsbild und vermittelt so das gezielte gärtnerische Wirken.

Das System Garten

Der Naturgarten stellt ein System von sich stetig beeinflussenden Faktoren dar, in dem der Mensch höchstens einen regulativen Einfluss ausübt, indem er das System Garten und seine wichtigen Kreisläufe fördert. Der Nährstoffkreislauf schließt sich über das Kompostieren. Alle Pflanzenteile, die dem Garten entnommen werden, können nach dem Verrottungsprozess im Komposthaufen dem Garten wieder als wertvoller organischer Dünger zugeführt werden. Um den Nährstoffbedarf von Starkzehrern vor allem im Gemüsegarten zu decken, können Pflanzen wie Brennnesseln in Pflanzenjauchen angesetzt oder gut abgelagerter Mist verwendet werden. Über eine schonende, lockernde Bewirtschaftungsweise des Bodens ohne Umstechen, die Zufuhr von organischem Material und eine möglichst ganzjährige Bodenbedeckung durch Pflanzen oder Mulchmaterialien kann sich ein mit Bodenorganismen reich bevölkerter Boden entwickeln. Dieser ist wiederum Voraussetzung für gesunde und kräftige Pflanzen.

Foto: NiG/Haiden

Die Natur-im-Garten-Plaketten sind sehr beliebt. Wer sie bekommt, hat die Naturgarten-Kriterien erfüllt.

Die Umstellung

Ein bestehender konventioneller Garten kann auf 2 Arten in einen Naturgarten verwandelt werden: 1. Auf einmal viele Naturgartenelemente schaffen, sodass sich die Umstellung relativ schnell vollzieht. 2. Daneben ist es auch möglich, nach und nach umzustellen, indem einzelne Naturgartenelemente gestaltet und Bewirtschaftungskriterien erfüllt werden, auf die im Folgenden näher eingegangen wird.

Radikale Veränderung

An erster Stelle steht eine Bestandsaufnahme der derzeitigen Bewirtschaftungsweise und der Ausstattung des Gartens mit Pflanzen und Naturgartenelementen. Aus welchen Pflanzen besteht die

Hecke? Sind heimische oder ökologisch wertvolle Arten vertreten? Ein Blick auf den Rasen reicht meist, um festzustellen, ob es sich hier um einen reinen Zierrasen oder einen Mischrasen mit Gänseblümchen und Co. handelt. Besteht schon ein Komposthaufen?

Ein genauer Arbeitsplan ergibt sich dadurch, dass der Istzustand mit den Naturgartenelementen und Bewirtschaftungsweisen des gewünschten zukünftigen Naturgartens verglichen wird. Es werden dadurch ganz deutlich die Lücken gezeigt, die es noch für einen Naturgarten zu schließen gilt.

Im ersten Jahr kann es zwar zunächst durch fehlende Nützlinge zu einem biologischen Ungleichgewicht kommen, in dem Sie mit relativ starkem Schädlingsbefall rechnen müssen, doch danach wird sich schnell ein Gleichgewicht zwischen Nützlingen und Schädlingen einspielen. Der Garten bietet dann einer Vielzahl von Arten, die rasch zuwandern können, Lebensraum.

Neu anzulegende Gärten eignen sich besonders für die schnelle Schaffung eines Naturgartens – können doch hier von Grund auf die richtigen Pflanzen und Naturgartenelemente in genügend großer Anzahl gesetzt und geschaffen werden. Hier reicht es dann auch, eine Wunschliste aus Naturgartenelementen und Pflanzen zu erstellen und sie mit den Wünschen aller zukünftiger GartennutzerInnen (Spielen, Ausruhen, Gemüse und Früchte ernten und so weiter) in Einklang zu bringen. Besonderes Augenmerk ist hier jedoch an erster Stelle dem Boden zu geben, der nach Bautätigkeiten oft sehr stark verdichtet ist.

Umstellung Schritt für Schritt

Bei der schrittweisen Umstellung ist es wichtig, jeweils zusammengehörende Bereiche gleichzeitig anzugehen. Es bringt nichts, einen Gartenteich neben Beeten zu bauen, die noch konventionell mit Kunstdüngern und Pestiziden behandelt werden. Das gilt auch für biologische Spritzmittel! Verdriftung kann im Teich zur Katastrophe führen. Ebenso bringen auch Nützlingshotels in Bereichen, in denen Pflanzenschutzmittel ausgebracht werden, nichts. Je kleiner ein Teilbereich ist, der separat umgestellt wird, desto ineffizienter ist die Maßnahme. Erst ab einer gewissen Lebensraumgröße können sich stabile Populationen entwickeln. Damit ist der große Nachteil offensichtlich: Man wird häufiger Hilfsmittel wie im Biolandbau zugelassene Spritzmittel benötigen, ästhetische Nachteile oder Ernteeinbußen hinnehmen müssen. Der Vorteil ist, dass man sich nach den eigenen Möglichkeiten richten, Zeit lassen und mit der ästhetischen und ökologischen Wirkung probieren und Erfahrungen sammeln kann.

Von Grund auf – der Boden

Ein gesunder Boden ist Grundvoraussetzung für das erfolgreiche Gedeihen von Pflanzen. Er liefert die notwendigen Nährstoffe sowie Wasser und ermöglicht eine feste Verankerung der Pflanzen. Um einen fruchtbaren, belebten Gartenboden zu erhalten und zu fördern, ist die Bodenpflege von außerordentlicher Bedeutung. Regelmäßige Kompostanwendungen und das Aufbringen von Mulch – z. B. Laub, Rasen- oder Strauchschnitt – sowie der Anbau von Gründüngungspflanzen ermöglichen es, den Boden gesund zu erhalten. Durch den Verzicht auf chemische Pflanzenschutzmittel und künstliche Düngemittel wird der Boden mit all seinen wertvollen Lebewesen geschützt, wodurch der natürliche Nährstoffkreislauf nicht gestört oder unterbrochen wird.

Leben im Boden

Boden ist ein Mix aus mineralischen Bestandteilen (fein verwittertes Gestein), Luft, Wasser, gelösten Mineralien, organischen Anteilen, Wurzeln und Lebewesen. Nur in einem belebten Boden wachsen gesunde Pflanzen heran.

Der Boden ist ein wahrer Mikrokosmos und gleichzeitig einer der am dichtesten besiedelten Lebensräume der Erde. Unzählige Organismen wie Bakterien, Pilze und Tiere bevölkern dieses artenreiche und hochkomplexe Ökosystem. Einige der größeren Exemplare, z. B. Regenwürmer, Asseln, Tausendfüßer, sind uns wohlbekannt. Andere Klein- und Kleinstlebewesen bleiben aber unseren Augen aufgrund ihrer geringen Größe oder unterirdischen Lebensweise meist verborgen.

Jedes dieser unterschiedlichen Lebewesen übernimmt ganz spezielle Aufgaben im System, und alle zusammen sind sie die treibende Kraft, die den Stoffkreislauf am Leben hält. Abgestorbenes organisches und auch anorganisches Material wird sowohl mechanisch als auch chemisch umgesetzt und schließlich in recycelter Form, als nährstoffreicher Humus, für Pflanzen wieder zur Verfügung gestellt.

Um also einen hochaktiven Boden zu erhalten, in dem es vor Leben nur so wimmelt, sollte man die „hungrigen Mäuler" im Untergrund mit Bedacht füttern. Eine ausgewogene organische Düngung, z. B. mit Kompost und Jauchen, bietet ihnen dabei eine optimale Ernährungsgrundlage. Durch eine schützende Mulchschicht und eine schonende Bodenbearbeitung, die das empfindliche Gefüge im Boden nicht zerstört, können Bodenlebewesen zusätzlich gefördert und bei ihrer wichtigen Arbeit unterstützt werden. Ein gesunder, belebter Boden ist schließlich die Grundlage für gesunde Gartenpflanzen.

201 Gramm, bzw. 1.011.001.000.000 Bakterien, Strahlenpilze, Pilze, Algen

10 Gramm, bzw. 600.001.000 Mikroorganismen (Geißeltiere, Wimpertierchen, Wurzelfüßer)

2,61 Gramm Kleintiere (Rädertiere, Fadenwürmer, Milben, Springschwänze)

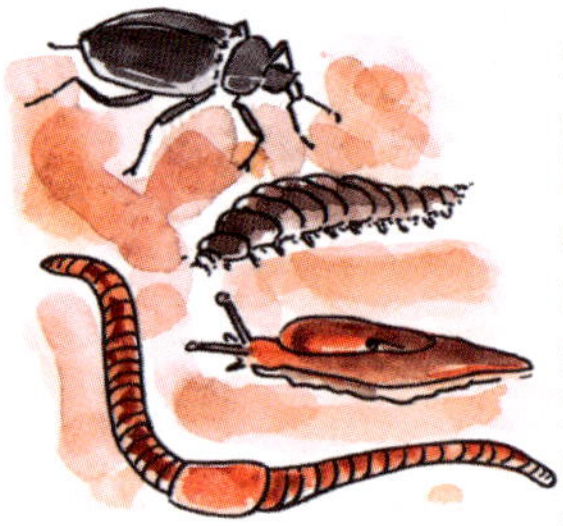

51,7 Gramm größere Kleintiere (Regen- und Borstenwürmer, Schnecken, Spinnen, Asseln Larven, Vielfüßler

Illustration: Monika Biermaier

In einem Bodenziegel von 1 m² x 30 cm kommt eine beeindruckende Menge an Bodenorganismen vor.

Unter unseren Füßen geht's ordentlich zu

Im Boden herrscht dichtes Gedränge. Dabei ist nicht nur die Rede von Regenwurm, Springschwanz, Assel und Co. Für uns unsichtbar tummeln sich in 1 Gramm intaktem Boden neben den größeren Bodenbewohnern etwa 10 Milliarden Mikroorganismen. Dazu gesellen sich 1 Milliarde Archaeen – eine den Bakterien ähnliche Gruppe an Lebewesen – und Pilze, die in ihrer Biomasse meist genauso stark vertreten sind wie die Bakterien und Archaeen zusammen. Was all diesen Organismen an Größe fehlt, gleichen sie durch ihre immense Anzahl und Vielfalt aus. Das Ökosystem Boden ist so komplex, dass herkömmliche Untersuchungsmethoden nur 0,1 Prozent der Diversität widerspiegeln können. Selbst die modernste Wissenschaft kann nur einen ganz kleinen Einblick in diese unsichtbare Vielfalt gewähren.

Von den vielen Tausenden Arten, die je nach Gegebenheit vor Ort variieren und unterschiedlich stark vertreten sind, kann jede Art ganz eigene Aufgaben übernehmen. Beispielsweise hat die große Gruppe der Aktinomyceten sich auf die Zersetzung schwer abbaubarer Bestandteile wie Chitin oder Zellulose spezialisiert und ist nebenbei auch für den typischen Erdgeruch verantwortlich. Letztendlich ist die hochdynamische Gemeinschaftsleistung unzählig vieler verschiedener winziger Einzelkämpfer entscheidend für das Funktionieren der Nährstoff- und Energiekreisläufe sowie für den Humusaufbau und eine „gesunde" Bodenstruktur maßgeblich.

Fruchtbare Lebensgemeinschaften

Auf und um Pflanzenwurzeln ist der Andrang besonders groß. Im Wurzelbereich, der sogenannten Rhizosphäre, unterscheidet sich die Zusammensetzung des Bodens deutlich von

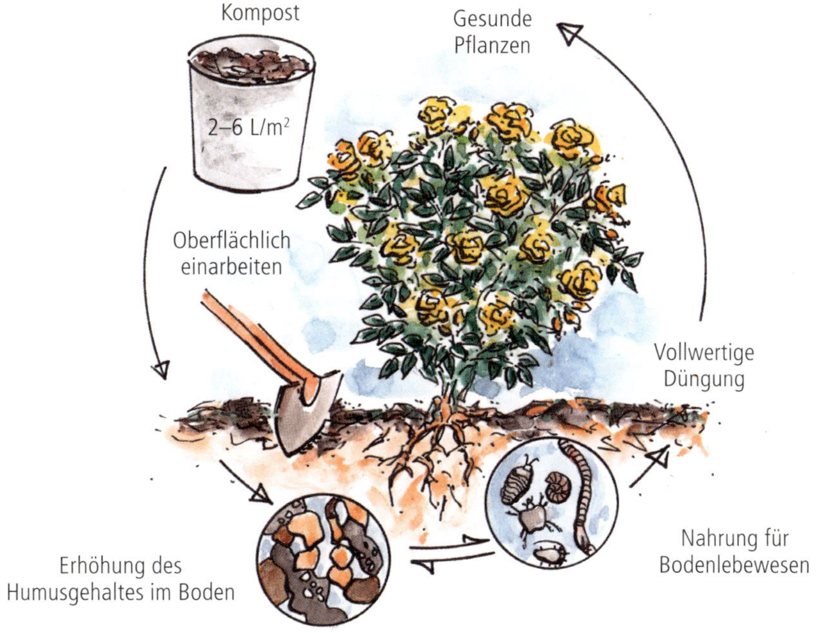

Illustration: Monika Biermaier

Gesunder Boden, gesunde Pflanzen.

nicht durchwurzelten Bereichen. Mithilfe von chemischen Signalmolekülen, wie Aminosäuren oder Phytohormonen, wird kommuniziert und es findet ein reger Austausch statt. Hier hängen die Bakterien quasi am „Zuckertropf" – sie werden von den Pflanzenwurzeln mit kostbarem Zucker und anderen wertvollen Wurzelausscheidungen versorgt.

Von diesen engen Partnerschaften profitieren aber auch die Pflanzen: Bakterien versorgen sie mit wichtigen Nährstoffen, die sonst nur schwer zugänglich sind, stimulieren ihr Wachstum, fördern die Stressresistenz und wehren so manche Krankheit ab. Es wird sogar vermutet, dass Pflanzen ohne die vielen Mikroorganismen in ihrer natürlichen Umgebung eigentlich nicht lebensfähig sind.

Ein bekanntes Beispiel einer Pflanzen-Bakterien-Gemeinschaft ist wohl jene zwischen den Knöllchenbakterien und den Hülsenfrüchtlern. Sie leben in Symbiose und meistern gemeinsam die Stickstofffixierung aus der Luft – unter optimalen Bedingungen jährlich bis zu 400 Kilogramm Stickstoff pro Hektar, der den nachfolgenden Pflanzen zur Verfügung steht.

Unterirdische Wohngemeinschaften

Einige Bakterien, die sogenannten Endophyten, kolonisieren sogar internes Wurzelgewebe und mieten sich in den Pflanzenwurzeln ein. Die Pflanzen wählen dabei sehr gezielt aus, welchen Mikroorganismen sie über die Wurzel Zutritt gewähren, und beherbergen somit eine einzigartige, sorgfältig verlesene Gruppe an Wurzelbewohnern. Manchmal wandern die Mikroorganismen sogar bis hinauf in die Blätter und Blüten. So finden sich in den oberirdischen Pflanzenteilen etwa 1000 Bakterien pro Gramm Pflanze.

Die Schichten des Bodens

Der Boden besteht aus mehreren Schichten beziehungsweise sogenannten Bodenhorizonten. Wichtig für Gärtnerinnen und Gärtner ist der belebte und fruchtbare Oberboden, der meist nur 5–30 Zentimeter mächtig ist. Er wird umgangssprachlich oft als Mutterboden oder Krume bezeichnet, und so spielt auch die weiter unten beschriebene Krümelstruktur eine nicht unerhebliche Rolle bei der Bewirtschaftung des Bodens beziehungsweise des Gartens.

Der Oberboden enthält in der Regel besonders viel Humus – das ist zersetztes organisches Material, also z. B. Blätter, Zweige und Pflanzenreste, die von den großen und kleinen Bodenlebewesen in dunkelfarbige Huminstoffe verwandelt werden. Diese wiederum verbinden sich mit Tonmineralien zu wertvollen Ton-Humus-Komplexen, die als wichtige Nährstofflieferanten gelten, für eine dauerhafte Bodenfruchtbarkeit stehen und einen zentralen Lebensraum für Bodenlebewesen bieten.

Der darunter befindliche mineralische Unterboden ist 30–80 Zentimeter mächtig, kaum

Bodenarten und ihre Merkmale

Bodenart	Korngröße	Merkmale
Sand	2– 0,063 mm	Ein sandiger Boden ist durchlässig und leicht zu bearbeiten, kann aber nur schlecht Wasser und Nährstoffe speichern. Den Pflanzen gibt der Sandboden kaum Halt.
Lehm	0,063– 0,002 mm; Lehm hat eine ausgeglichene Körnungsstruktur aus Sand, sogenanntem Schluff und Tonanteilen	Lehmböden können Wasser und Nährstoffe gut speichern, gleichzeitig haben sie eine hohe Wasserdurchlässigkeit. Pflanzenwurzeln können sie leicht durchdringen. Lehmböden weisen ein gutes Krümelgefüge auf und sind leicht zu bearbeiten.
Ton	Kleiner als 0,002 mm	Tonige Böden können Wasser und Nährstoffe gut speichern, neigen aber zu Verdichtungen, sind schlecht durchlüftet und lassen sich schwer bearbeiten. Tonböden lassen sich nur schwer durchwurzeln und erwärmen sich im Frühjahr nur langsam.

Illustration: Monika Biermaier

Pflanzen durchwurzeln die Bodenschichten.

mehr durchwurzelt und weit weniger belebt, weil sich hier die Verwitterungsprozesse des Gesteins abspielen. Zuunterst liegt das Ausgangs- oder Muttergestein, also z. B. Granit, Kalkstein und Sandstein, das unverwittert bleibt.

Einen mächtigen und fruchtbaren Oberboden zu erhalten und zu bewahren ist eine der Hauptaufgaben im Naturgarten, denn er liefert den Pflanzen ausreichend Nährstoffe und bietet genügend Platz zum Durchwurzeln.

Den Boden kennen

Den Boden als Ausgangspunkt für alles Wachsen und Gedeihen im Garten genau zu kennen, ist vor allem bei Neuanlagen wichtig. Er muss gepflegt und auch später immer wieder begutachtet werden. Pflanzen bevorzugen einen feinkrümeligen, lockeren Boden, der dicht mit Lebewesen besiedelt ist. Mit sandigen, verdichteten und mäßig belebten Böden tun sie sich dagegen ziemlich schwer.

Je nach Ausgangsgestein und verschiedenen Umweltbedingungen kommen in Mitteleuropa Böden von sandig bis lehmig und mitunter auch tonig vor, dazu gibt es Übergänge von sandigem Lehm über lehmigen Schluff bis hin zu lehmigem Ton. Für den Garten, aber auch für landwirtschaftliche Flächen sind Lehmböden ideal. Entscheidend bei der Bestimmung der Bodenart sind die Korngrößen.

Bodenart, Krümelstruktur und Humusaufbau

Mit einem einfachen Test – der Rollprobe – können Sie die Beschaffenheit Ihres Bodens recht einfach ermitteln. Dazu wird leicht feuchte Erde zu einer kleinen „Wurst" geformt.

Tonboden Wenn die Erde fest zusammenklebt und die Oberfläche glatt und schmierig ist, handelt es sich um einen Tonboden. Lockern Sie den Boden tiefgründig und arbeiten Sie Quarzsand ein.

Sandboden Ist es kaum möglich, eine „Wurst" aus der Erde zu formen, weil sie immer wieder zerbröselt, liegt ein leichter Sandboden vor. Arbeiten Sie tonhaltiges Material, z. B. Bentonit, und immer wieder Kompost ein, um die Struktur zu verbessern.

Lehmboden Aus einer guten Gartenerde lässt sich problemlos eine „Wurst" formen, deren Oberfläche noch rau und rissig ist.

Die Krümelstruktur

Ein weiteres wichtiges Merkmal des Bodens ist seine Krümelstruktur, und dafür sorgen Regenwürmer. Wenn sich nämlich Humus mit den mineralischen Substanzen zu Ton-Humus-Komplexen verbindet, entsteht ein krümeliger Boden. Ein krümeliger Boden lässt sich leicht bearbeiten und Pflanzen können ihn gut durchwurzeln.

Die Schlämmprobe

Mithilfe einer Schlämmprobe kann das Krümelgefüge des Bodens festgestellt werden. Dazu wird ein Teelöffel Erde zunächst an der Luft getrocknet und dann in ein flaches, mit Wasser

Foto: NiG/Gundacker

Humoser Boden.

Foto: NiG/Gundacker

Verdichteter Boden.

gefülltes Gefäß gegeben. Einige Minuten lang wird das Gefäß nun immer wieder geschwenkt.

- Bleiben die Bodenkrümel stabil und das Wasser klar, ist die Bodenstabilität und Lebendverbauung gut.
- Lösen sich die Bodenkrümel teilweise in Wasser auf, ist der Boden belebt, kann aber durch Kompostgaben, Mikroorganismenpräparate, Mulchen etc. noch verbessert werden.
- Ist das Wasser trüb, weil sich die Bodenkrümel fast vollständig auflösen, ist die Krümelstruktur nicht gut und somit auch kaum Bodenleben vorhanden. Kompostgaben, Mikroorganismenpräparate, Mulchen und andere Maßnahmen verbessern den Boden dauerhaft.

Der pH-Wert

Für den Gartenboden ist der pH-Wert eine wichtige Größe, doch was ist das überhaupt? Dieser Wert sagt etwas aus über die Konzentration der Wasserstoffionen im Boden und somit über den Säuregrad. Mithilfe von Teststreifen, die es im Gartenfachmarkt gibt, können Sie den pH-Wert des Bodens selbst feststellen. Für die meisten Pflanzen ist der neutrale Bereich von einem pH-Wert von 6,5–7,5 ideal. Saure Böden haben einen niedrigen pH-Wert von unter 4–6,5, basische (beziehungsweise alkalische) Böden haben einen pH-Wert von über 7,5. Stimmt der pH-Wert nicht, so können die Pflanzen verschiedene Nährstoffe nicht aufnehmen, und das kann wiederum zu Mangelerscheinungen führen.

Das Ausgangsgestein hat einen wesentlichen Einfluss auf den pH-Wert des Bodens: Im kalkreichen Gebiet ist der pH-Wert eher basisch, bei Granit sauer. Sandige Böden sind eher sauer, tonreiche Böden eher basisch. Im Garten ist bis auf wenige Ausnahmen ein zu saurer Boden schlechter, denn dadurch wird das Bodenleben gehemmt, die Krümelstabilität verschlechtert und das Wurzelwachstum negativ beeinflusst. Kalk kann Abhilfe schaffen, denn dadurch wird der pH-Wert wieder in den neutralen Bereich angehoben – damit verschwinden auch alle negativen Eigenschaften eines sauren Bodens.

Bewährt hat sich ...

... die Zugabe von organischem Material – vor allem Kompost –, Mulchen (z. B. mit Rasenschnitt, Häckselgut, Laub), Gründüngung und organische Dünger. Das alles verbessert und stabilisiert den Gartenboden.

Was Boden und Pflanzen guttut

Kompost, Mulchen und verschiedene andere Maßnahmen stärken und verbessern den Boden, helfen gleichzeitig aber auch den Pflanzen, indem sie ihnen Nährstoffe zur Verfügung stellen. Pflanzenbrühen und -jauchen sind besonders gut geeignet, um Gartenpflanzen in ihrem Wachstum zu unterstützen. Die wichtigen Inhaltsstoffe werden bei der Herstellung aus den Pflanzen gewonnen und erweisen sich als einfache Hilfsmittel zur Stärkung anderer Pflanzen.

Jauchen sind als kostenloser, kraftvoller Naturdünger vielseitig im Garten einsetzbar. Besonders bei Starkzehrern im Gemüsegarten sorgt diese Flüssigdüngung für einen kräftigen

Pflanzen, Wasser, eventuell Steinmehl und Zeit, das sind die Zutaten für Jauchen und Brühen, die vor dem Ausbringen meist noch verdünnt werden.

Brühe, Jauche, Tee aus Pflanzen

Name	Form	Wirkort	Konzentration	Wirkung
Acker-schachtelhalm	Brühe	Auf Pflanze sprühen	In 5-facher Verdünnung	Alle frischen Austriebe regelmäßig spritzen; wirkt gegen Pilzerkrankungen, Spinnmilben, Blattläuse und „Umfallkrankheit" von Sämlingen.
Beinwell	Jauche, Brühe, Tee	Auf Boden gießen	Jauche wird 10-fach verdünnt	Als Düngung für stark zehrendes Gemüse; kräftigt die Pflanzen.
Brennnessel	Jauche	Auf Boden gießen	In 10-facher Verdünnung	Stickstoffdünger für stark zehrendes Gemüse, allgemein stärkend und gesund erhaltend.
Rainfarn	Brühe, Tee	Auf Pflanze sprühen	Unverdünnt	Hilft Pflanzen, die gegen Milben, Blattläuse, Schmetterlingsraupen, wie z. B. Frostspanner, empfindlich sind.

Wachstumsschub. Es lassen sich viele Pflanzen ohne großen Aufwand zu nährstoffreichen Lösungen verjauchen, die Klassiker unter ihnen sind Brennnessel und Beinwell.

Brühen und Jauchen selbst herstellen

Pflanzenjauche 1 Kilogramm frische Kräuter und 10 Liter Wasser in ein Fass oder einen Kübel geben und ca. 2 Wochen, locker zugedeckt, vergären lassen, einmal täglich umrühren. Die fertige Jauche kann 1 : 10 verdünnt alle 1–2 Wochen zu den Pflanzenwurzeln gegossen werden. Eine Handvoll Steinmehl auf die Oberfläche gestreut, bindet den etwas strengen Geruch.

Pflanzenbrühe 1 Kilogramm frische oder 150 Gramm getrocknete Kräuter werden zerkleinert, mit 10 Litern Wasser übergossen und ca. 24 Stunden stehen gelassen. Anschließend für 20–30 Minuten schwach aufkochen und abseihen. Die Brühe wird 5-fach verdünnt und in Abständen von 2–3 Wochen vom Frühling bis zum Sommer verwendet.

Komposttee Ein alter Leinensack oder ein Tuch wird mit Kompost gefüllt, in einen Eimer mit Wasser gehängt und über Nacht stehen gelassen. Diese natürliche Pflanzenstärkung kann nun unverdünnt einmal pro Woche an nährstoffliebende Pflanzen verabreicht werden.

Wurmkompost und Tee für Pflanzen

Lange Zeit galt die klassische mineralische Düngung als Garant für gutes Pflanzenwachstum. Dass diese „Nährstoffinfusionen" für dauerhaft gesunde, robuste Pflanzen mit starkem Immunsystem nicht ausreichen, ist aufgrund der komplexen unterirdischen Interaktionen zwischen Erde, Pflanzen und Mikroorganismen mittlerweile offensichtlich. Daher steht heute organischer Biodünger – allen voran Kompost und Komposttee – wieder klar an erster Stelle. Naturdünger auf Kompostbasis sind voller Mikroorganismen und liefern alle wichtigen Nährstoffe – optimale Voraussetzungen, um intakte Böden gesund zu erhalten und ausgelaugte, strapazierte Böden zu beleben und zu aktivieren. Studien zeigen, dass 1 Liter Komposttee mehr als 10 Milliarden Mikroorganismen enthält.

Foto: NiG/Haiden

Wurmkompost lässt Pflanzen wachsen und gedeihen.

Gründüngung

Eine Gründüngung gleicht einer Bodenkur: Sie bringt den Boden und das Leben in ihm wieder so richtig in Schwung. Gründüngungspflanzen werden nicht wie herkömmliche Kulturpflanzen geerntet, sondern abgeschnitten und oberflächlich in den Boden eingearbeitet oder gemulcht. Damit kann sowohl der Boden im Gemüsegarten als auch bei Staudenbeeten verbessert werden.

Gründüngungspflanzen, die zur Familie der Schmetterlingsblütler zählen (z. B. Wicken, Bohnen, Lupinen), beherbergen in ihren Wurzeln außerdem Bakterien, die Stickstoff aus der Luft sammeln. Mit diesen Pflanzen wird also gleichzeitig der Boden gedüngt!

Weitere Vorteile der Gründüngung sind:

- Förderung des Bodenlebens – Bodentiere wie Regenwurm oder Assel fressen abgestorbene, angerottete Pflanzenteile und schaffen mit ihren Ausscheidungen fruchtbare Gartenerde.
- Mit ihren kräftigen Wurzeln lockern und durchlüften die Gründüngungspflanzen den Boden.
- Lässt man die Pflanzen bis zur Blüte stehen, bieten sie Nektar und Blütenstaub für viele Insekten.
- Die Blätter schützen den Boden im Sommer vor Sonneneinstrahlung und sind im Winter der ideale Schutz für das Bodenleben.
- Unerwünschte Beikräuter werden unterdrückt.
- Die Auswaschung von Nährstoffen durch Sickerwasser wird vermindert, indem die ganzjährige Begrünung diese Nährstoffe in den Pflanzen bindet.
- Die Wurzeln reichern den Boden mit organischer Masse an und leisten dadurch einen wertvollen Beitrag zum Humusaufbau.
- Wenn die Gründüngungspflanzen abgeschnitten werden, liefern sie wertvolles Material zum Mulchen oder Kompostieren.

Gründüngung (winterharte Arten)

Name	Eigenschaften	Saatzeit (nach Monaten)
Gelber Steinklee (*Melilotus officinalis*)	2-jährig, tiefe Durchwurzelung.	ab 3
Weißer Steinklee (*Melilotus albus*)	Bevorzugt trockene Standorte und nährstoffreiche Böden, kommt aber auch auf magerem Untergrund zurecht.	ab 3
Winterroggen (*Secale cereale*)	Als Nachsaat geeignet.	9–10
Zottelwicke (*Vicia villosa*)	Tiefe Durchwurzlung, bindet Luftstickstoff.	8–9

Gründüngung (Nicht winterharte Arten)

Name	Eigenschaften	Saatzeit (nach Monaten)
Ackerbohne (*Vicia faba*)	Schon ab Februar anzubauen.	2–6
Alexandrinerklee (*Trifolium alexandrinum*)	Braucht genügend Wärme und Feuchtigkeit.	4–6
Blaue Lupine (*Lupinus angustifolius*)	Lange Pfahlwurzel, nur in kalkarmen Böden.	4–6
Buchweizen (*Fagopyrum esculentum*)	Wärmeliebend, schnellwachsend, Bienenweide.	5–8
Futtererbse (*Pisum sativum*)	Schnelle Entwicklung.	4–6
Gelbe Lupine (*Lupinus luteus*)	Hohe Grünmasse, lange Wachstumszeit, nur in kalkarmen Böden.	4–6
Gelbsenf (*Sinapis alba*)	Verhindert Zuwanderung von Schnecken.	3–9
Inkarnatklee (*Trifolium incarnatum*)	Hohe Grünmasse.	4–8
Ölrettich (*Raphanus sativus*)	Rasches Wachstum, tief gehende Wurzeln, nicht für Fruchtfolge mit Kohlgewächsen geeignet.	4–9
Perserklee (*Trifolium resupinatum*)	Schnellwachsend, wenig Bodenansprüche.	4–6
Phazelia (*Phacelia tanacetifolia*)	Schnellwachsend, trockenverträglich, Bienenweide.	3–8
Saatwicke (*Vicia sativa*)	Schnelle Entwicklung, meist im Gemisch angebaut.	4–6
Schwedenklee (*Trifolium hybridum*)	Für Höhenlagen.	4–8
Sonnenblume (*Helianthus annuus*)	Besonders tiefes Wurzelsystem, langsame Entwicklung.	4–8
Spinat (*Spinacia oleracea*)	Kann beerntet werden.	4–10
Weiße Lupine (*Lupinus albus*)	Anspruchsvoll, benötigt mildes Kima, nur in kalkarmen Böden.	4–6

Organische Düngung und Heilung mit Kompost

Durch die Kompostierung aller Grün- und Küchenabfälle schließt sich der Nährstoffkreislauf im Garten – aus Abfällen wird ein vollwertiger Dünger.

Kompost deckt als organischer Dünger den Nährstoffbedarf der Gartenpflanzen. Die Nährstoffe werden den Pflanzen durch die Bodenlebewesen genau dann verfügbar gemacht, wenn die Pflanzen diese benötigen. Wer mit Kompost düngt, stellt deshalb alle Nährstoffe für ein gesundes Pflanzenwachstum zur Verfügung. Wird Kompost oberflächlich in den Boden eingearbeitet, kommt außerdem ein komplexer Ablauf in Gang, der den Boden umfassend verbessert. Kompostbeigaben erhöhen auch den Humusanteil, wodurch eine gute Bodenstruktur aufgebaut wird und ein krümeliger, lockerer und gut durchlüfteter Boden entsteht, der Wasser und Nährstoffe speichert.

Kompost reichert den Boden zusätzlich mit einer Unzahl an Mikroorganismen an und ist zugleich Nahrung für das Bodenleben. Ein reiches Bodenleben bereitet nicht nur einen guten und krümeligen Boden, sondern verdrängt auch bodenbürtige Krankheiten.

Bewährt hat sich …

… für die Düngung aller Gartenpflanzen eine Menge von 2–6 Litern Kompost pro Quadratmeter.

Illustration: Monika Biermaier

Kompost wird aufgesetzt (siehe Seite 31) und mit Rasenschnitt abgedeckt.

Biokontrolleigenschaften

Die direkte positive Wirkung von Kompost auf die Pflanzengesundheit wurde in der Vergangenheit viel zu wenig beachtet. Doch es ist unbestritten, dass die unzähligen Mikroorganismen, die über den Kompost dem Boden zugeführt werden, die Pflanzen gesund erhalten. Durch die starke Belebung finden dann Krankheitserreger entweder weniger Platz, um sich auszubreiten, oder sie werden durch natürliche Gegenspieler in Schach gehalten. Diese sogenannten Biokontrolleigenschaften werden bei Verwendung von Komposttees noch gesteigert. Bei der Herstellung lässt man Kompost bis zu 24 Stunden in Wasser ziehen. Dadurch vermehren sich die Mikroorganismen explosionsartig. Die flüssigen Komposttees können dann zusätzlich zur Pflanzenstärkung auch direkt auf die Pflanzen gesprüht werden.

Foto: shutterstock.com/Elena Ellisseva

Ein Kompostplatz mit Holzboxen passt gut in den Naturgarten.

So gelingt die Kompostierung

Als Herz des Gartens sollte ein Komposthaufen möglichst gut zugänglich sein und vor zu viel Sonne und Wind geschützt werden. Damit wichtige Bodenorganismen von unten in den Komposthaufen zu- und abwandern können, ist ein direkter Kontakt zum darunterliegenden Boden wichtig.

Die unterste Schicht besteht aus grobem Strukturmaterial; wie z. B. Ästen und Zweigen; und dient einer optimalen Luftzufuhr und Dränage. Darauf werden organische Küchen- und Gartenabfälle in einer guten Mischung aus feuchten und trockenen Abfällen aufgeschichtet und dabei gründlich befeuchtet. Um die Verrottung zu beschleunigen, können geringe Mengen alter Kompost eingestreut werden. Optimal ist es, wenn der Komposthaufen 1- bis 2-mal umgesetzt wird. Dabei dürfen Sie nicht vergessen, zu trockenes Material beim Aufsetzen zu gießen, damit die Feuchtigkeit für den Verrottungsvorgang optimal ist. Vor Austrocknung, aber auch Vernässung schützt eine Abdeckung aus z. B. Grasschnitt, Laub oder Stroh.

Richtig reif ist der Kompost nach etwa 6–12 Monaten, wenn er nach Walderde duftet und eine krümelige Struktur aufweist.

Erste Hilfe bei der Kompostierung

- Wenn der Komposthaufen zu feucht ist, finden meist unerwünschte Fäulnisprozesse statt, er beginnt zu „riechen". Dann kann eine Umschichtung und Einarbeiten von trockenem, grobem Material Abhilfe schaffen. Gesteinsmehl oder Algenkalk binden unangenehme Gerüche.
- Kommen keine Verrottungsprozesse zustande, kann eine stickstoffhaltige Brennnesseljauche wahre Wunder wirken. Bei starker Hitze und Trockenheit reicht oft auch einfaches Gießen mit Wasser aus.
- Zur Vorbeugung von im Herbst im Kompost abgelegten Schneckeneiern hat sich eine Mischung aus 10–15 Liter warmem Wasser, einem Päckchen Hefe und 500 Gramm Zucker bewährt. Die Mischung fördert eine rasche Erhitzung und beschleunigt dadurch den Rottevorgang.

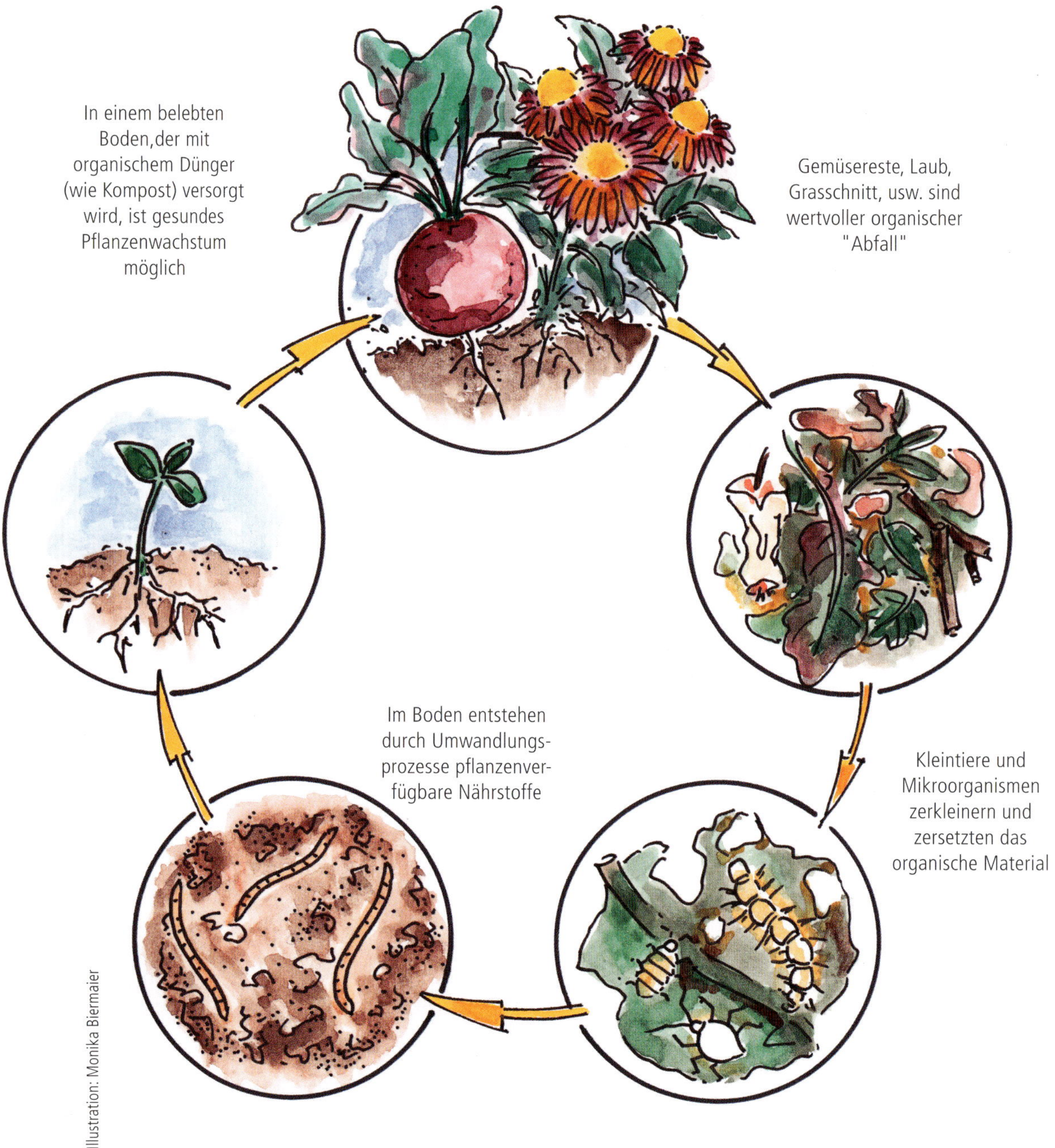

Illustration: Monika Biermaier

Kreislauf von der Pflanze, über organischen Abfall und Zersetzung hin zu neuem Wachstum.

Kompostieren schützt das Klima

Eine gute Kompostversorgung des Gartenbodens trägt maßgeblich zum Aufbau einer nahrhaften Humusschicht bei, die wiederum eine ganz wichtige Rolle im Klimaschutz spielt. Humusreiche Böden sind sehr gute Kohlendioxid-(CO_2-)Speicher. Eine dicke Humusschicht verbessert die Fähigkeit, das treibhauswirksame Gas Kohlendioxid aus der Luft zu binden und im Boden zu speichern.

Wer im eigenen Garten kompostiert, auf leicht lösliche Mineraldünger, chemische Pflanzenschutzmittel und Torferde verzichtet und seinen Boden besonders fürsorglich behandelt, wirkt dem Humusabbau entgegen und leistet somit im eigenen Garten seinen ganz persönlichen Beitrag zum Klimaschutz!

Mulchen – die Decke für den Gartenboden

Beim Mulchen wird auf unbedecktem Boden eine Schicht aus organischem Gartenmaterial, wie Rasenschnitt, Pflanzenreste oder Heu, ausgebracht. Diese Decke schützt den Gartenboden vor direkter Sonneneinstrahlung, Austrocknung und hohen Temperaturen, aber auch vor starkem Regen und Abschwemmungen. Ist der Boden bedeckt, verringert sich die Verdunstung, indem Feuchtigkeit zurückgehalten wird, und es entsteht ein ausgeglichenes Mikroklima. Rasen- oder Strauchschnitt, Pflanzenreste, Laub oder Heu in dünnen Schichten verteilt, wirken zusätzlich als organischer Dünger, fördern das Bodenleben und somit auch eine stark ausgeprägte Krümelstruktur. Außerdem wird durch eine Mulchschicht das Unkrautwachstum unterdrückt.

Bewährt hat sich ...

... einen Mulchmäher zu verwenden. Dem Rasen werden beim Mähen laufend Nährstoffe entzogen. Häufig gemähte Flächen werden mithilfe des Mulchmähers gleichzeitig gemäht und gedüngt.

Mulchen für tierische Gartenbewohner

Abgefallenes Laub muss nicht mühsam aus dem Garten entfernt werden, es eignet sich ausgezeichnet als isolierende Mulchdecke für den Winter. Nicht nur unbedeckte Bodenflächen und Pflanzen benötigen Schutz, auch tierische Gartenbewohner freuen sich über einen wärmenden Unterschlupf.

Den zahlreichen nützlichen Helfern aus der Insektenwelt bietet oftmals eine lockere Streuschicht aus Blättern und Pflanzenresten ausreichend Versteckmöglichkeiten, während andere Kleinlebewesen hohle Pflanzenstängel als Winterquartier benutzen. Lassen Sie deshalb an einigen Stellen im Garten abgeblühte Pflanzen und trockene Stängel stehen. Auch für einige Vögel bieten abgeblühte Samenstände eine willkommene zusätzliche Futterquelle in der kargen Jahreszeit. In einer ruhigen Ecke im Garten kann ein großer Laubhaufen auch ein willkommenes Winterquartier für einen Igel werden. Bis in den Frühling darf der Igel aber nicht unnötig gestört werden, sonst werden seine Winterreserven zu schnell aufgebraucht.

Der richtige Spatenstich

Vor allem beim Hausbau muss mit dem wichtigsten Gut des Gartens, dem Boden, besonders sorgsam umgegangen werden.

- Die obersten 30 Zentimeter sind der fruchtbare und humose Oberboden. Er muss im gesamten Baustellenbereich abgeschoben und richtig gelagert werden. Der Unterboden wird aus der Baugrube auf einen eigenen Haufen gegeben. Säen Sie auf die gelagerte Erde Samen von Gründüngungspflanzen, z. B. Phazelie, Ringelblume, Gelbsenf, Lupine oder Sommerwicke, damit die gute Bodenqualität erhalten bleibt und die Erde nicht der Witterung ausgesetzt ist. Die Pflanzen wachsen die ganze Saison auf dem Erdhaufen und bleiben auch über den Winter, sie frieren ab und verrotten auch zum Teil. Die Reste können unter die Erde gemischt werden.
- Durch das Befahren mit Baumaschinen entstehen im Unterboden Verdichtungen. Oberflächliche Verdichtungen mit der Baggerschaufel aufreißen, tiefere unbedingt mit einem Grubber oder einer Fräse auflockern.
- Nach der Lockerung des Unterbodens wird der vorher beiseite gelegte oder bei Bedarf zugekaufte humusreiche Oberboden aufgebracht, je nach späterer Nutzung unterschiedlich stark: Unter Stauden- und Gemüsebeeten sind 30 – 50 Zentimeter Oberboden sinnvoll, beim Rasen etwa 20 Zentimeter und bei einer mageren („bunten") Blumenwiese reichen 5 Zentimeter aus.
- Ideale Erde lässt sich im feuchten Zustand zu Kugeln formen, die beim Zusammendrücken nicht zerfallen. Sie fühlen sich jedoch nicht schmierig an. Klebt die Erde und bekommt sie eine glänzende Oberfläche, sollte so viel Quarzsand beigemengt werden, bis sich eine raue Kugel formen lässt.
- Boden mag nicht offen bleiben, eine rasche Bepflanzung ist immer sinnvoll. Den Boden vorher noch mit Kompost (2–6 Liter pro Quadratmeter) verbessern, dann finden die Pflanzen die besten Startbedingungen vor! Überall, wo die Bepflanzung noch etwas dauern kann, empfiehlt sich, vorübergehend eine Gründüngung anzubauen.

Gründüngung nach dem Hausbau

Nach dem Hausbau mit schweren Baugeräten ist eine flächige Gründüngung angesagt. Dabei werden mehrere Arten in Mischung verwendet, die eventuell noch vorhandene oberflächliche Verdichtung beseitigen, aber auch tiefer liegende Sperrhorizonte durchbrechen sollen, denn mit ihren tief reichenden Wurzeln lockern und durchlüften sie den Boden. Außerdem sind Pflanzen dabei, die den Boden mit Stickstoff anreichern. Ideal ist es, die Gründüngungspflanzen eine volle Saison – vom Spätsommer/Herbst bis zum nächsten Herbst oder vom Winter/Frühling bis zum nächsten Frühjahr – wachsen zu lassen. Pflanzen wie Steinklee, Winterroggen und Zottelwicke sind geeignet. Wer nicht ein ganzes Jahr auf seinen Garten verzichten möchte, sollte doch zumindest eine Gründüngung im Spätsommer aussäen, über den Winter stehen und abfrieren lassen. In der Tabelle auf Seite 29 finden Sie viele Pflanzen, die sich hierfür eignen. Im Frühjahr werden die gröberen Pflanzenteile zum Komposthaufen gegeben, der Rest wird oberflächlich in den Boden eingearbeitet.

Foto: shutterstock.com/Japanese Cho-Zu

Für alles Lebendige ist Wasser essenziell.

Wasser marsch?

Weltweit gesehen ist Wasser ein knappes Gut. Obwohl wir in unseren Breiten genügend kostbares Nass besitzen, sollten wir mit Wasser sehr sorgfältig umgehen. Dennoch werden riesige Mengen Grundwasser nach dem Gebrauch in Haushalten, kommunalen Einrichtungen sowie Gewerbe und Industrie über die Kanalisation abgeleitet. Die Versiegelung von Böden durch Straßen und Bauten nimmt der Natur zunehmend die Möglichkeit, über den Niederschlag Grundwasser in derselben Menge nachzubilden. Damit kommt es regional zu drastischen Absenkungen des Grundwasserspiegels. Andererseits verstärkt die rasche Kanalisation von Regenwasser bei langem oder starkem daraus resultierende Hochwasserereignisse.

Foto: shutterstock.com/Pablo77

Gartenwege sollte nicht versiegelt sein. Hier kann das Wasser gut absickern.

Im Garten sollten daher versickerungsaktive Wegebeläge verwendet werden. So wird nicht nur das Grundwasser mit Nachschub versorgt, sondern auch Pflanzenwurzeln befeuchtet, die in der Nähe von oder unter Wegen wachsen. Geeignet sind Platten- und Pflasterbeläge, die mit einer breiten Fuge (1–5 Zentimeter) verlegt werden, Rasengittersteine, Materialien wie Häcksel oder Kies beziehungsweise Drainbeton. Bei etwa 1 Zentimeter breiten Fugen können bereits über 50 Prozent des Niederschlagswassers zwischen den Steinen an Ort und Stelle versickern. Darüber hinaus siedeln sich in diesen Fugen Moose, trittverträgliche Gräser und Kräuter an und lockern damit das Erscheinungsbild auf. Als ökologischer Nebeneffekt wird die Wegpassage für Kleinlebewesen erleichtert. Wer Bewuchs vermeiden möchte, hilft sich mit unkrauthemmendem Fugensand oder geht von Zeit zu Zeit mit Flämm- oder Heißwassergerät vor.

Nicht nur bei geschlossenen Plattenbelägen ist ein Seitengefälle von etwa 2 Prozent sinnvoll (das entspricht 2 Zentimeter pro Meter). Auch bei wasserdurchlässigen Wegebelägen kann bei Starkregen das anfallende Niederschlagswasser nicht komplett versickern. Speichermulden reduzieren und verzögern die Wasserabflüsse aus Siedlungsgebieten ebenfalls und lassen sich als Feuchtbiotope gestalten, was Lebensräume für manche gefährdete Tierart schafft.

Zur Gestaltung wasserdurchlässiger Beläge können z. B. Rasengittersteine verwendet werden. Außerdem gibt es viele speziell geformte Steine mit Öffnungen (Lochklinker) beziehungsweise Abstandhaltern (Rasenpflaster), um eine breite und dennoch stabile Rasenfuge zu erzielen.

Standortgerechte Pflanzen

Wassersparen beginnt bereits bei der Auswahl von Pflanzen, die zu ihrem künftigen Standort passen. Für sonnige Standorte auf mageren, sommertrockenen Böden mit gutem Wasserabzug lohnt es sich, einen üppig blühenden Kiesgarten anzulegen. Pflanzengesellschaften, die an diesem extremen Standort zurechtkommen, wachsen ohne zusätzliche Wassergaben und duften oft besonders aromatisch. Nur beim Pflanzen und während Trockenperioden wird ordentlich gewässert, ansonsten bleiben die robusten und dennoch attraktiven Pflanzen die meiste Zeit sich selbst überlassen.

Foto: NiG/Haiden

Wege und auch Treppen können so gebaut werden, dass Wasser jederzeit versickern kann.

In extrem trockenen Lagen kann eine Mulde die Pflanzen vor Wind schützen, durch eine Mulchauflage mit Kies lässt sich zudem die Wärme einfangen. Dadurch gedeihen hier auch Stauden, die sonst nicht immer zuverlässig winterhart sind, wie verschiedene Polsterthymiane. Bei Regen ist die Oberfläche durch die Kiesauflage vor den aufprallenden Regentropfen geschützt und unter den Steinchen hält sich das Wasser wesentlich länger im Boden.

Bei schattigen Standorten oder in Regionen mit häufigen Niederschlägen sollten Pflanzen gewählt werden, die nicht nur Regengüsse lieben, sondern in schweren Lehm- oder Tonböden auch die anhaltende Nässe im Wurzelbereich gut vertragen.

Hänge sollten – ganz besonders, wenn sie starkem Lichteinfall ausgesetzt sind – unbedingt mit geeignetem Mulchmaterial geschützt werden, bis sich ein geschlossener Bewuchs etabliert hat. Das kann Holzfaser sein oder ein Jutenetz, auf dem eine 5–6 Zentimeter starke Schicht Rasenschnitt aufgebracht wird. Der Rasenschnitt verklebt beim Antrocknen und wird durch das darunterliegende Jutenetz vor dem Abrutschen geschützt. Da Schrägen leicht austrocknen, sind regelmäßige Wassergaben ebenso wie durchwurzelungsstarke, hangbefestigende Pflanzenarten der Schlüssel zum gärtnerischen Erfolg.

Bewässerungssysteme

Bei Gartenneuanlagen ist es immer von Vorteil, ein durchdachtes Bewässerungskonzept zu planen. Ressourcenschonend und aufgrund der geringen Wasserhärte besonders pflanzenfreundlich ist die Wasserversorgung mittels Zisternen oder Regentonnen. Praktische Details wie aufrollbare Schläuche oder ein bodennaher Ablasshahn erleichtern das Handling. Luftdurchlässige Abdeckungen sorgen dafür, dass lästige Stechmücken ihre Nachkommen nicht in nächster Nähe großziehen.

Eine Bewässerungsanlage wird dort notwendig sein, wo Wasser- oder Zeitmangel automatisches Gießen erfordern. Für Staudenbeete und Hecken eignen sich Tröpfchenbewässerungen zur gezielten Versorgung. Durch die ausschließliche Benetzung der Wurzeln und trocken bleibende Blätter beugt man Pilzerkrankungen vor, vermeidet Abdrift durch Wind und spart Wasser durch geringere Verdunstungsverluste.

Richtig gießen

Wer in seinem Garten mit Kompost, Gründüngung und Mulchen für humusreiche, feinkrümelige Erde sorgt, gewährleistet lockeren Boden, der von den Pflanzen tiefer durchwurzelt werden kann. Pflanzen, die direkt ins Beet gesät werden, bilden ebenfalls ein tief reichendes

Bewährt hat sich …

…1-mal hacken erspart 2-mal gießen. Das sagt eine alte Gärtnerregel. Durch regelmäßige Bodenbearbeitung werden die feinen Kapillaren im Boden unterbrochen. Bei Trockenheit gelangt das Wasser aus dem Boden nicht so schnell an die Oberfläche.

Wurzelsystem aus und sind somit vor Trockenheit besser geschützt.
Die frühen Morgenstunden sind für alle Bewässerungsmaßnahmen ideal. Später verdunstet zu viel Wasser schon beim Gießen, Wassertropfen an den Pflanzenoberflächen bündeln das Sonnenlicht wie mit einer Lupe und führen zu Verbrennungen. Gießt man abends, begünstigt man Schnecken und die Ausbreitung von Pilzerkrankungen.

Von Vorteil in jeder Hinsicht sind ausreichende Wassergaben in größeren Intervallen. Geringe Wassergaben befeuchten zwar die Bodenoberfläche, das Wurzelsystem bildet sich aber dadurch nur flach und oberflächlich aus. Werden die Pflanzen intensiv und reichlich, dafür aber in mehrtägigen Abständen gegossen, werden sie „gezwungen", ihre Wurzeln tiefer in den Boden zu leiten. Der Lohn ist gesundes Wachstum.

Bewährte Tipps

- Vor allem wärmeliebende Gemüse wie Paprika, Paradeiser/Tomaten, Gurken und Kürbisse vertragen es nicht, mit kaltem Wasser gegossen zu werden. Überbrausen mit kaltem Gartenschlauchwasser bedeutet für sie einen „Schock" und fördert Pilzkrankheiten. Am besten ein paar Gießkannen füllen und stehen lassen oder Regenwasser aus der Tonne verwenden. Das Wasser kann so die Umgebungstemperatur annehmen. Mit der Gießkanne sollte nur der Wurzelbereich versorgt werden.
- Gehölze müssen nur bei lang anhaltenden Trockenperioden gegossen werden. Dann sollte man immer im Bereich der Haarwurzeln gießen, das heißt unter den äußeren Zweigen. Direkt am Stamm zu gießen bringt nichts, hier befinden sich keine Haarwurzeln, die das Wasser aufnehmen könnten. Bei großen Bäumen während der Trockenzeiten am besten einen Bewässerungsschlauch mit feinen Düsen ringförmig um den Baum legen. Stellen Sie den Hahn so ein, dass das Wasser nur leicht, dafür aber einige Stunden rinnt.

Foto: shutterstock.com/HamsterMan

Durch das Hacken der Beete wird eine zu schnelle Verdunstung von Wasser gestoppt.

Zum Schutz der Pflanzen

Foto: NiG/Brocks

Unsere Gartenpflanzen sind verschiedenen Beeinträchtigungen ausgesetzt: Schädlinge wie Blattläuse und Schnecken machen ihnen mitunter das Leben genauso schwer wie Mehltaupilze oder Beikräuter, die mit ihnen um Nährstoffe, Platz und Wasser konkurrieren. Im erwerbsmäßigen Gartenbau werden deshalb seit Langem sogenannte synthetische Pestizide vorbeugend oder zur Bekämpfung der Schaderreger eingesetzt, um die Produktion zu steigern. Man unterscheidet dabei zwischen Insektiziden, die Insekten bekämpfen, Fungiziden gegen Pilze und Molluskiziden gegen Schnecken. Daneben gibt es noch Herbizide, die gegen störende Beikräuter ausgebracht werden.

Chemische Pflanzenschutzmittel

Chemische Pflanzenschutzmittel sind synthetisch, also künstlich hergestellt, mit erheblichen Nachteilen für Mensch, Tier und Umwelt. Die Pflanzenschutzmittel werden entweder als Spritzbrühe aufgebracht, manche gestäubt oder das Saatgut damit gebeizt.

Wie chemische Mittel wirken

Pestizide greifen auf unterschiedlichste Weise in den Stoffwechsel von Zellen ein, wirken auf das Nervensystem von Tieren oder stören deren Wachstum und Entwicklung.

Bei Insektiziden und Fungiziden unterscheidet man beim Wirkmechanismus zwischen lokaler und systemischer Wirkung und deckt so die unterschiedlichen Vorgehensweisen von Schädlingen ab. Insektizide mit lokaler Wirkung müssen den Schaderreger entweder direkt treffen oder über die Pflanzenoberfläche verteilt werden. Die Industrie macht sich zum einen Öle zunutze, die sich gut auf den Pflanzen verteilen, aber nicht eindringen. Zum anderen werden beispielsweise Phosphorsäureester-Präparate verwendet, die oberflächlich in die Pflanze eindringen, sich in ihr aber nicht verbreiten.

Systemische Mittel wirken anders: Sie werden von der Pflanze aufgenommen und über die Leitungsbahnen verteilt. Frisst ein Schädling dann an der Pflanze oder hat er sich im Inneren eingenistet, um sich dort zu ernähren, wird er durch das Fraßgift abgetötet.

Illustration: Monika Biermaier

Marienkäfer-Zyklus.

Chemische Pflanzenschutzmittel? Nein danke!

Der Garten soll ein Lebensraum für Mensch, Tier und Pflanze sein – giftige Chemie hat im Garten nichts zu suchen. Pestizide sollten daher aus jedem Garten verbannt werden.

Viele Gärtnerinnen und Gärtner befürchten, dass Krankheiten und Schädlinge die Ernte gefährden, und setzen deshalb chemische Pflanzenschutzmittel ein. Deren Nutzen sowie der Schaden, den Schaderreger anrichten, werden aber meistens überschätzt. Hinzu kommt, dass durch den Einsatz von Pestiziden nur Symptome bekämpft werden, jedoch nicht die Ursache. Die Behandlungsmaßnahmen müssen dann häufiger wiederholt werden, weil der Erfolg nicht von Dauer ist. Betreiben Sie Ursachenforschung und überlegen Sie, ob eventuell der falsche Platz für eine Pflanze gewählt wurde, die Abstände zwischen den Reihen zu dicht sind oder andere Widrigkeiten den Pflanzen zu schaffen machen. Viele Krankheiten und Schädlinge treten standortbedingt auf oder könnten mithilfe geeigneter Pflanzennachbarn vermieden werden.

Gesunde und reiche Ernte

Kaum jemand ist wirklich Selbstversorger und ernährt sich ausschließlich aus dem Garten. Es muss immer das eine oder andere Obst und Gemüse zugekauft werden. Auf eine übermäßige Ernte sind wir heute nicht mehr angewiesen. Dass durch Schaderreger der Ertrag etwas geringer ausfällt, macht deshalb nichts aus, im Gegenteil: Lieber etwas weniger, aber dafür gesundes Obst und Gemüse ohne Spritzmittelrückstände ernten. Wer seinen Nutzgarten in Mischkultur bewirtschaftet, hat außerdem den Vorteil, dass es nie zu einem Totalausfall kommt, sondern andere Gemüsearten den Verlust ausgleichen.

Und noch eins sei allen naturnah gärtnernden Menschen ans Herz gelegt: Obst und Gemüse müssen nicht makellos aussehen. Unschöne

Achtung, das bitte nicht!

Die Dosierung bei Pflanzenschutzmitteln ist nicht einfach. Meistens braucht man nur eine geringe Menge, rührt oft aber mehr an. Wohin dann mit den Resten? Sie dürfen auf keinen Fall einfach weggeschüttet werden, die Chemikalien belasten sonst auch das Grundwasser. Am besten man verzichtet ganz darauf.

Stellen können herausgeschnitten werden, und für die Safterzeugung sind auch schorfige Äpfel verwendbar.

Die Pflanzenschutzpyramide

Jeder Schritt zieht einen weiteren nach sich. Die abgebildete Pflanzenschutzpyramide des naturnahen Gärtnerns zeigt eines ganz anschaulich: Auch biologische Pflanzenschutzmittel sollten nur ganz selten und als Mittel allerletzter Wahl verwendet werden. Sie stehen in der Pyramide zwar in der Spitze, nehmen aber nur einen sehr geringen Teil in Anspruch. Die unterste Ebene und breite Basis listet alle Grundvoraussetzungen und vorbeugenden Maßnahmen auf, die wiederum als Grundlage für alle weiteren Maßnahmen zu verstehen sind.

Im Naturgarten wird schon im Vorfeld vieles getan, damit Pflanzenkrankheiten oder Schädlinge erst gar nicht zum Zug kommen, indem ein natürliches Umfeld geschaffen wird, wo natürliche Kreisläufe funktionieren und pflanzenstärkende Maßnahmen im Vordergrund stehen.

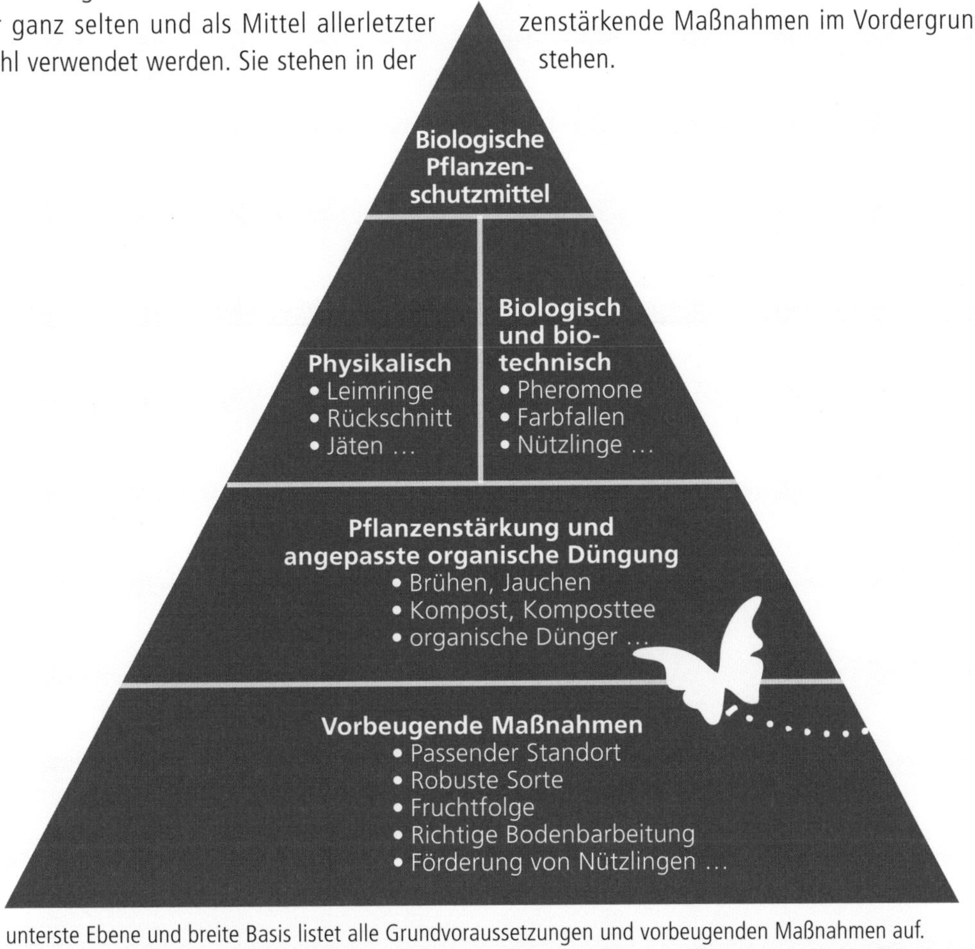

Die unterste Ebene und breite Basis listet alle Grundvoraussetzungen und vorbeugenden Maßnahmen auf. Die wiederum sind als Grundlage für alle darauffolgenden Maßnahmen zu verstehen. Selten wird im Naturgarten die Spitze der Pyramide erreicht – biologische Pflanzenschutzmittel werden nur im äußersten Notfall eingesetzt.

Genau hinsehen und Beobachten heißt es im naturnahen Garten.

Vorbeugende Maßnahmen

Das Grundgerüst des naturnahen Gärtnerns sind naturnahe Strukturen, robuste, heimische und ökologisch wertvolle Pflanzen. Steinmauern, Holzhaufen und Nützlingshotels schaffen Lebensräume für die heimische Tier- und auch Pflanzenwelt.

Standortwahl Als vorbeugende Maßnahme gilt auch die richtige Standortwahl, die für ein gesundes Pflanzenwachstum von großer Bedeutung ist. Jede Pflanze hat ihre eigenen speziellen Ansprüche: Einige gedeihen am besten in der Sonne, andere im Schatten, manche mögen den Boden kalkhaltig, andere wiederum eher sauer. Werden Pflanzen falsch platziert, sind sie viel anfälliger gegenüber dem Angriff von Schädlingen und Krankheiten.

Sortenwahl Auch die Sortenwahl ist im Nutzgarten ebenso entscheidend wie im Ziergarten. Es gibt eine ganze Reihe widerstandsfähiger Sorten, denen Mehltau und andere Schaderreger nicht so schnell zusetzen. Apfelsorten, die nachweislich gegen Schorf und andere Krankheiten resistent oder nur wenig anfällig sind, benötigen gar keine Pflanzenschutzmittel. Beim Saatgut sind biologisch gewonnene Samen oft vitaler und widerstandsfähiger.

Bodenbearbeitung Ein lebendiger Boden ist die beste Voraussetzung für das Gedeihen der Pflanzen. Alle Maßnahmen zur Erhaltung eines humusreichen und belebten Bodens zählen daher zum vorbeugenden Pflanzenschutz. Eine schonende, lockernde und nicht wendende Bodenbearbeitung ist unerlässlich. Der Boden wird im Naturgarten zusätzlich zum Schutz vor Witterung und Austrocknung durch eine Mulchdecke aus Rasenschnitt, Häckselgut oder anderen Materialien bedeckt.

Mischkultur Im Gemüsegarten unterstützen sich Gemüse-, Kräuter- und Blühpflanzen gegenseitig, wenn sie in Mischkultur angebaut werden. Durch die große Vielfalt an Pflanzen werden Nützlinge direkt ins Kulturpflanzenbeet gelockt, die wiederum einen Schädlingsbefall reduzieren können.

Fruchtfolge Wer im selben Beet jährlich ein anderes Gemüse anpflanzt, betreibt langfristig Pflanzen- und Bodenschutz. Durch die Abfolge von Stark-, Mittel- und Schwachzehrern wird nämlich einer Bodenermüdung durch einseitigen Nährstoffentzug vorgebeugt. Außerdem können Krankheiten und Schädlinge nicht von einem Jahr ins nächste verschleppt werden.

Pflanzenstärkung und organische Düngung

Eine organische Düngung mit Kompost oder Komposttees bereitet einen gesunden, belebten Boden vor, der die wichtigste Grundlage für gesundes Pflanzenwachstum ist. Organische Fertigdünger aus dem Handel können diese ergänzen. Gezielte Pflanzenstärkung mit pflanzlichen Brühen oder Jauchen macht Pflanzen robuster und widerstandsfähiger.

Im naturnahen Garten steht die Vorsorge und Vorbeugung gegen Schaderreger an erster Stelle, nicht deren Bekämpfung, denn in den meisten Fällen werden gesunde, starke Pflanzen gar nicht erst befallen. Alle Maßnahmen, die das Immunsystem und die Gesamtvitalität einer Pflanze stärken und es somit den verschiedenen Schaderregern schon im Vorfeld schwer machen, die Pflanze zu schädigen, zählen als Pflanzenstärkungsmaßnahmen. Einige davon sind im Folgenden aufgelistet:

- Ein fachkundiger und zum richtigen Zeitpunkt durchgeführter Obstbaumschnitt wirkt etwa dem Auftreten klassischer Obstkrankheiten wie Schorf oder Monilia entgegen, während z. B. ein Stammanstrich im Herbst die Rinde von Gehölzen vor Sonnenstrahlung und damit verbundenen Temperaturschwankungen schützt. Diese einfache Methode verhindert, dass die Rinde aufreißt und dadurch sogenannte Frostrisse entstehen, die eine Eintrittspforte für Krankheitserreger sein können.
- Eine angepasste Nährstoffversorgung mit organischen Düngern und Materialien versteht sich von selbst. Ausreichend, aber nicht überreich versorgte Pflanzen strotzen vor Gesundheit – Schädlinge können hier nicht so leicht Fuß fassen.
- Auch pflanzliche Erzeugnisse können zur Stärkung herangezogen werden. Eine Brühe aus den Sommertrieben des Ackerschachtelhalms, regelmäßig über Blätter gespritzt, wirkt vorbeugend gegen diverse Pilzerkrankungen. Insgesamt wirken Pflanzenbrühen kräftigend und schützend, während Jauchen zur Düngung eingesetzt werden.

- Ein wahres Multitalent beim Einsatz für die Pflanzengesundheit ist Kompost. Er kann auch in flüssiger Form, nämlich als Kaltwasserauszug, verabreicht werden. Guter Kompost enthält alle wichtigen Pflanzennährstoffe in ausreichender Menge und versorgt die Pflanzen besonders ausgewogen. 3–5 Liter Kompost pro Quadratmeter und Jahr sind ausreichend. Kompost wirkt deshalb so nachhaltig, weil viele Mikroorganismen und Pilze enthalten sind, die Nährstoffe mobilisieren. Die Verdrängung von Krankheitskeimen und die Produktion von Krankheit abwehrenden Stoffen durch die Kompostorganismen ist besonders wichtig für die Gesundheit der Pflanzen.

Direkte Maßnahmen

Auch in einem Naturgarten kommen Schädlinge vor, und das ist bis zu einem gewissen Grad auch erwünscht, denn Nützlinge müssen ernährt werden, damit sie sich langfristig ansiedeln. Nehmen die Schädlinge kurzfristig überhand, dann können sie durch einfache Maßnahmen wie Abspritzen oder Abschneiden der befallenen Pflanzenteile entfernt oder abgefangen werden, z. B. mithilfe von Farbtafeln oder Leimringen. Es gibt im Fachhandel übrigens auch Nützlinge zu kaufen, deren Einsatz aber hauptsächlich in Gewächshäusern sinnvoll ist.

Biologischer Pflanzenschutz

Im Sinne des Umwelt- beziehungsweise Artenschutzes und auch für die menschliche Gesundheit ist es unbedingt notwendig abzuwägen, ob der Einsatz von Pflanzenschutzmitteln – auch von biologischen – tatsächlich notwendig ist. Auch hier gilt der Grundsatz: Weniger ist mehr. Im biologischen Pflanzenschutz steht eine breite Palette von abwehrenden Methoden zur Erhaltung der Pflanzengesundheit zur Verfügung. Man unterscheidet ganz allgemein zwischen physikalischen Methoden, biologischen und biotechnischen Verfahren und biologischen Pflanzenschutzmitteln. Physikalische Methoden umfassen vor allem mechanische, optische, thermische und akustische Maßnahmen wie die Entfernung kranker Pflanzenteile, das Jäten oder Abflämmen von Beikräutern oder das Anbringen von Leimringen oder Becherfallen.

Biologische und biotechnische Verfahren bedienen sich dagegen Organismen und Substanzen aus der belebten Natur. Zum Einsatz kommen hier nützliche Tierarten wie Nematoden, Raubmilben und Florfliegenlarven, aber auch Bakterien und Pilze. Als Locksubstanzen finden auch sogenannte Pheromone Verwendung, also Sexualduftstoffe in Fallenform oder zur Geruchsverwirrung.

Zugelassene Mittel

Sind alle anderen Maßnahmen ausgeschöpft, bleibt noch der Griff zu Pflanzenschutzmitteln aus dem Fachhandel. Im Naturgarten kommen selbstverständlich nur solche Mittel zum Einsatz, die auch für den biologischen Landbau zugelassen sind. Es ist unbedingt erforderlich, dass Sie wissen, mit welchem Schädling, mit welcher Krankheit Sie es tatsächlich zu tun haben. „Auf Verdacht" sollten Pflanzenschutzmittel niemals eingesetzt werden. Außerdem können Wirkstoffe, die für den biologischen Landbau zugelassen sind, trotzdem auch negative Auswirkung auf

Nichtzielorganismen haben. Der Einsatz sollte also im Vorhinein immer gut bedacht werden. Aus den verschiedenen Mitteln seien vor allem solche mit dem Wirkstoff Kaliseife genannt, die gegen weichhäutige Schädlinge wie Blattläuse oder Spinnmilben eingesetzt werden. Durch Panzer oder Wollausscheidungen geschützte Lausarten wie Schild- und Wollläuse kann man mit ölhaltigen Mitteln zu Leibe rücken.

Nützliche Helfer

Je mehr in ein System eingegriffen und die natürliche Regulation erschwert oder verhindert wird, desto leichter ist es aus dem Gleichgewicht zu bringen. Das wiederum kann zum Auftreten von Krankheiten oder zur massiven Vermehrung einzelner Tierarten führen, die wir dann Schädlinge nennen. In künstlichen Systemen wie Monokulturen oder standortfremden Pflanzungen funktioniert die Selbstregulation kaum mehr, sie sind daher anfällig gegenüber Krankheiten und Schädlingen. Ein ziemlich sicherer und nachhaltiger Weg, die Selbstregulation außer Kraft zu setzen, ist auch der Einsatz der „chemischen Keule" im Pflanzenschutz. Warum? Chemische Pflanzenschutzmittel vernichten meist auch Nützlinge, zumindest aber beeinträchtigen sie deren „Futter" – die Schädlinge –, und das natürliche Gleichgewicht wird zerstört.

Die fleißigen Helfer aus dem Tierreich schuften unermüdlich und meist unentdeckt im Hintergrund. Sie halten Schädlinge im Zaum, sichern die Bestäubung der Nutzpflanzen und zersetzen organische Abfälle, die in der Folge dann als wertvoller Kompost zur Verfügung stehen. Biologisches Gleichgewicht, funktionierende Nährstoffkreisläufe, gesunder Boden und eine reiche Ernte sind im Garten nur durch Nützlinge möglich. Wenn Schädlinge massenhaft auftreten, dann nur, wenn ihre natürlichen Gegenspieler ausbleiben.

Die „Räuber-Beute-Beziehungen" sind eng: Tritt ein Schädling auf, dann vermehren sich die nützlichen Räuber, die die Beute dezimieren. In der Folge nimmt auch die Anzahl der Räuber wieder ab. Dieses natürliche Auf und Ab funktioniert umso besser, je vielfältiger die Lebensgemeinschaften im Garten sind. Beim naturnahen biologischen Gärtnern ist Geduld ein wichtiger Begleiter. Es dauert einige Tage, bis sich die Nützlinge durchsetzen, dann aber nachhaltig.

Biotopvernetzung

Es ist wichtig, einzelne Lebensräume – Biotope – für Nützlinge zu schaffen. Daneben gilt es aber auch, deren Biotope miteinander zu vernetzen. Das Beispiel der Erdkröte zeigt nämlich, dass manche Nützlinge mehrere Biotope zum Überleben benötigen: Im Frühling wandert die Erdkröte zum Ablaichen in ein Feuchtbiotop. Nach dem Spannen der Laichschnüre geht sie an Land und versteckt sich tagsüber in geschützten Bereichen wie Totholzhaufen oder Steinmauern. Nachts geht sie in offeneren Gebieten wie Rasenflächen, Wiesen oder Beeten auf die Jagd. Drei Lebensräume, die miteinander verbunden sein müssen, damit die Erdkröte überleben kann.

Auch Igel brauchen mehr als einen Garten. Grundstücksgrenzen sind im naturnahen Garten deshalb tabu, denn sie können unüberwindbare Barrieren für Igel, Kröten & Co. darstellen, wenn sie von Mauern oder durchgehenden Zaunfundamenten umgeben sind. Auch Maschen-

Illustration: Monika Biermaier

Biologische Vielfalt im Nutzgarten.

Foto: shutterstock.com/Dani Vincek

Hier können viele verschiedene Tiere Unterschlupf finden.

drahtzäune, die bis zum Boden reichen, können zur Todesfalle für einzelne Tierarten werden. Empfehlenswert sind vielmehr Wildstrauchhecken (siehe Seite 60), die nur für Menschen eine Grenze darstellen, während sie für die Tierwelt wertvolle Verbindungs- und Biotopelemente sind.

Nützlinge gezielt ansiedeln

Neben der bewusst naturnahen Gartengestaltung können aber auch künstlich angelegte Wohn- und Nisthilfen, z. B. Nützlingshotels, zur dauerhaften Ansiedlung bestimmter nützlicher Tierarten im Garten beitragen. Selbst gebastelte oder auch im Handel erhältliche Nützlingshotels werden idealerweise süd- oder südostexponiert und regengeschützt unter Vordächern, an Hauswänden, auf Balkonen oder Terrassen angebracht. Ein halber Meter Mindestabstand vom Boden schützt vor Spritzwasser und beschattender Vegetation. Soll das „Hotel" frei stehen, braucht es ein eigenes Dach mit einem ausreichenden Dachüberstand. Die Unterkünfte müssen auf alle Fälle wetterfest sein, denn speziell Wildbienen mögen es nicht, wenn die Brutgänge feucht sind. Die Kälte im Winter ist aber kein Problem, ein Nützlingshotel sollte auf jeden Fall im Winter draußen belassen werden.

Auch bei Nützlingsunterkünften muss unbedingt das „Gesamtpaket" stimmen: Selbst die beste Luxusausführung wird nicht besiedelt, wenn der Garten nicht vielfältige naturnahe Strukturen mit ausreichend Nahrung aufweist oder für Tiere nicht frei zugänglich ist. Je mehr Naturgärten miteinander vernetzt sind, desto besser funktioniert das Gleichgewicht der Natur, und Nützlinge finden sich automatisch ein.

Um alle Arten von Nützlingen zu schonen, sollte man gänzlich auf chemische Pflanzenschutzmittel verzichten. Nützlingsschonende Präparate sind, wenn überhaupt, sicher die bessere Wahl, jedoch gibt es kein Mittel ohne Nebenwirkungen.

Viel wichtiger als die Bekämpfung der Schaderreger ist das Hinschauen. Wer eine Blattlauskolonie im Garten entdeckt, sollte nicht die Giftspritze holen, sondern eine Lupe. Mit der lässt sich am besten kontrollieren, ob sich zwischen den Läusen bereits andere Insekten eingefunden haben. Wenn Sie ein anders aussehendes Tier entdecken, handelt es sich dabei mit sehr hoher Wahrscheinlichkeit bereits um einen blattlausvertilgenden Nützling. Auch ohne zu wissen, mit wem Sie es zu tun haben, können Sie sich getrost wieder in den Liegestuhl legen. Die Nützlinge erledigen die weitere Arbeit.

Heimische Nützlinge

Die Nützlinge in unseren Gärten werden in verschiedene Klassen eingeteilt: Insekten, Amphibien, Reptilien, Vögel und Säugetiere. Jedes einzelne Individuum hat seine besonderen Bedürfnisse und beansprucht einen bestimmten Lebensraum. Im Folgenden werden jeweils nur einige Vertreter der sehr artenreichen Gruppen genannt.

Illustration: Monika Biermaier

Wenn „wilde" Ecken, wie Laubhaufen, Totholz- und Strauchschnitt, selten gemähte Wiesenstreifen usw. im Garten toleriert werden, dann finden sich viele Nützlinge ein.

Insekten

Schwebfliegen sind leicht erkennbar durch das „Stehen" im Schwirrflug über den Blüten. Sie ähneln den wehrhaften Wespen und Bienen und sind dadurch vor Fressfeinden gut geschützt. Blattlausfressende Arten der Schwebfliegen legen ihre Eier in der Nähe der Blattlauskolonien ab. Jede der beinlosen und grün bis gelblich gefärbten Larven, die aus den Eiern schlüpfen, frisst im Laufe ihrer Entwicklung bis zu 700 Blattläuse. Die Überwinterung kann als Larve, Puppe und erwachsenes Tier erfolgen, wobei manche Arten den Winter im Süden verbringen und sogar bis nach Nordafrika ziehen. Um Schwebfliegen in den Garten zu locken, bedarf es beispielsweise Hecken oder Gehölzgruppen, die Verstecke und Überwinterungsmöglichkeiten für die nützlichen Tiere bieten, und einer blütenreichen Flora. Erwachsene Schwebfliegen ernähren sich von Blütennektar, Pollen und Honigtau – besonders gern mögen sie Doldenblütler, wie Kerbel, Dill, Wilde Möhre, und Korbblütler, wie Ringelblume, Margerite, Flockenblume, Aster, Sonnenhut. Ein frühes Blütenangebot von Hasel und Weide versorgt überwinternde Schwebfliegen mit den notwendigen Pollen.

Hummeln können täglich mehrere tausend Blüten besuchen, und das selbst bei Temperaturen knapp über dem Gefrierpunkt. In einem kalten Frühjahr sind Hummeln gegenüber den Honigbienen deshalb klar im Vorteil. Sie sichern die Bestäubung von Obstbäumen, Beerensträuchern und verschiedenen Gemüsepflanzen und sorgen so dafür, dass wir ernten und genießen können.

Amphibien

Erdkröten schätzte man früher als willkommene Gäste in den Glashäusern von Gärtnereien. So manche Raupe, Larve und sogar Schnecke und deren Gelege wurde von ihr verspeist. Heute kommen Pflanzenschutzmittel zum Einsatz, dabei sind Kröten auch heute noch äußerst nützliche Helfer. Zum Ablaichen kommen sie immer wieder zu ihrem Geburtsort zurück, was zu den sogenannten Krötenwanderungen führt. Haben sich Kröten einmal eingefunden, dann sind sie sehr treue, immer wiederkehrende Bewohner unserer Gärten. Ein Teich im Hausgarten verbessert allerdings deutlich ihre Lebensbedingungen. Über ein flaches Ufer finden die Kröten einen sicheren Zugang zu ihrem angestammten Laichgewässer. Die Kröte heftet ihre Laichschnüre unter Wasser an Pflanzen, daher ist eine artenreiche Wasserbepflanzung von besonderer Bedeutung. Über die Sommermonate sind die Tiere Landbewohner und jagen nachts oder in der Dämmerung. Tagsüber brauchen sie kühle, dunkle Unterschlupfmöglichkeiten wie Erdlöcher, Stein-, Erd- oder Asthaufen.

Reptilien

Eidechsen sind urtümliche Wesen. In unseren Klimaten kommen vor allem Zauneidechsen und Mauereidechsen vor, die als flinke und aufmerksame Jäger bekannt sind. Spinnen, verschiedenste Insekten, aber auch Eigelege von Schnecken stehen auf ihrem Speiseplan. Eidechsen beleben die Sonnenbereiche in einem Garten: Eine Trockensteinmauer am richtigen Fleck, ein Lesesteinhaufen in voller Sonne oder Kiesbeete mit Steinelementen locken diese interessanten

Foto: NiG/Haiden

Foto: NiG/Haiden

Foto: NiG/Haiden

Foto: NiG/Haiden

Von links oben im Uhrzeigersinn: Hummel, Schwebfliege, Eidechse und Kröte finden im Naturgarten ihren Lebensraum.

Jäger in den Naturgarten. Im Inneren von Steinhaufen und Steinmauern finden sie wohltemperierte Bereiche. Zum Wärmetanken bevorzugen sie bewuchsfreie sonnige Flächen. Wichtig sind aber auch passende Pflanzen, um Insekten anzulocken und um Versteckmöglichkeiten im Außenbereich zu bieten. Leider sind Eidechsen mancherorts selten geworden. Dazu tragen das Verschwinden von sogenannten Ruderalflächen und der Einsatz von Pestiziden bei.

Vögel

Generell benötigen alle Vögel Insekten und Würmer, denn die Nestlinge bekommen tierische Kost, um zu kräftigen Vögeln heranzuwachsen. Einige Arten fressen und verfüttern bei der Aufzucht ihrer Jungen pro Saison bis zu 30 Kilogramm Insekten. Gegen Schädlinge wie Apfelwickler und Kirschfruchtfliege ist ein Vogelnistkasten in der Nähe des Obstbaums der wirkungsvollste Pflanzenschutz. Als erwachsene Tiere und vor allem im Herbst erweitern die meisten Vogelarten ihren Speiseplan mit Beeren, Obst und Sämereien. Die Samenfresser sind auf Gärten angewiesen, die nicht dauernd penibel aufgeräumt werden, sondern in denen Stauden mit ihren Samenständen als wertvolle Nahrung auch im Winter stehen bleiben dürfen. Wildstrauchhecken, die besonders viele Beeren tragen, sind dann ein reich gedeckter Tisch für Rotkehlchen, Amsel, Zaunkönig, Drossel, Blau- und Kohlmeise.

Säugetiere

Der Igel ist z. B. einer der bekanntesten Vertreter der nützlichen Säugetiere. Weniger bekannt sind Fledermäuse als Nützlinge. Sie können alt werden – manche Arten bis zu 25 Jahre und orientieren sich hauptsächlich über ihr Echoortungssystem. Mit ihren spitzen kleinen Zähnchen vertilgen sie pro Nacht Insektenmengen, die ihrem eigenen Gesamtgewicht entsprechen. Pflanzen, die die nächtliche Insektenwelt anlocken, sind ganz besonders wichtig für Fledermäuse, z. B. Duftgeißblatt, Nachtkerze, Weidenröschen, Apfelrose, Borretsch und Phlox.

Umstellung auf natürlichen Pflanzenschutz

Der einfachste Schritt in Richtung Naturgarten ist der Umstieg von chemischen Pflanzenschutzmitteln auf umweltfreundliche biologische; in der Pflanzenschutzpyramide steht dieser Schritt an der Spitze. Der Eintrag schädlicher Gifte wird auf diese Weise schnell reduziert und Nützlinge geschont. In konventionellen Gärten sind Nützlinge nicht in so großer Zahl vertreten, beim Verzicht auf Pestizide treten aber Schädlinge auf, die wiederum Nützlinge aktivieren. Ein ausgewogenes Verhältnis beider kann sich nach und nach einspielen.

Bei der Umstellung zum Naturgarten werden viele Gärtnerinnen und Gärtner bald merken, dass bei vorausschauendem Handeln oft sogar auf die biologischen Pflanzenschutzmittel verzichtet werden kann. Wenn beispielsweise im zeitigen Frühjahr Leimringe um die Stämme von Obstbäumen angebracht werden, dann können Ameisen die ersten Blattläuse – die Stammmütter der folgenden Blattlausgenerationen – nicht in die Baumkrone schleppen. Vorausschauendes Handeln heißt z. B. auch, Kulturschutznetze im Gemüsegarten auszulegen, denn die verhindern schon im Vorfeld, dass Schädlinge sich an Gemüsepflanzen gütlich halten.

Foto: NiG/Haiden

In einem bunt gemischten Beet können sich Schädlinge nicht so stark ausbreiten wie in einer Monokultur.

Aber erst der folgende Schritt, nämlich die gezielte Stärkung von Pflanzen, macht sie weniger krankheits- und schädlingsanfällig. Hierzu zählen vor allem organische Düngung und Stärkung der Pflanzen mit Brühen und Jauchen. Die gezielte Stärkung der Widerstandskräfte, z. B. mit Ackerschachtelhalmbrühen oder Komposttees, zählt zu den wichtigsten Maßnahmen in der biologischen Gartenpflege.

Tief greifende Veränderungen im Garten

Naturnahe Gestaltung mit vielen Naturgartenelementen bietet den Rahmen für eine natürliche Entwicklung und gut funktionierende Kreisläufe im Garten, weil so bestmögliche Voraussetzungen für gesunde Pflanzen und das Vorkommen von Nützlingen geschaffen werden. In einem „eingewachsenen" Garten müssen nicht gleich radikale Umgestaltungen stattfinden. Oft reicht es, bestehende Bereiche mit ökologisch besonders wertvollen Pflanzen zu ergänzen – oder nur einzelne auszutauschen. Bei den Neupflanzungen sollte jedoch besonders auf robuste Sorten und den jeweils richtigen Standort geachtet werden. Dadurch werden sukzessive alle Bereiche ökologisch aufgewertet. Werden die gestalterischen Veränderungen dann mit ökologischen Bewirtschaftungsweisen wie Fruchtfolge, Mischkultur, Mulchen, schonender Bodenbearbeitung ergänzt, wird ein zunehmend sich selbst regulierendes ökologisches System geschaffen, in dem Nützlinge ganz selbstverständlich vorkommen und Teil davon sind.

Die Spitze der Pyramide, die Pflanzenschutzmittel werden in einem naturnah angelegten Garten nur noch ganz selten gebraucht.

Umstieg auf naturnahen Pflanzenschutz am Beispiel der Blattläuse

Der sanfte Weg beginnt immer mit vorbeugenden Maßnahmen. Ein Einstieg ins naturnahe Gärtnern kann natürlich auch mit dem 4. Schritt erfolgen.

1. Schritt: Vorbeugende Maßnahmen. Blattläuse kommen in einem Naturgarten auch vor – natürliche Gegenspieler wie Marienkäfer, Schweb- und Florfliegen sind aber meist in genügender Anzahl vorhanden. Durch Nützlingshotels, Hecken und Blühpflanzen finden sie Unterschlupf und Futter.
2. Schritt: Pflanzen stärken. Organische Düngung, Komposttees und Ackerschachtelhalmbrühe stärken Pflanzen in einer ausgewogenen Art und Weise und machen sie widerstandsfähiger. Blattläuse befallen diese Pflanzen weniger.
3. Schritt: Anwendung mechanischer beziehungsweise biotechnischer Maßnahmen. Das heißt, Blattläuse einfach abstreifen oder mit dem Gartenschlauch abspritzen, Leimringe anbringen, engmaschige Kulturschutznetze über Kulturen geben.
4. Schritt: Verzicht auf giftige Pestizide. Anwendung von Pflanzenschutzmitteln, die in der biologischen Landwirtschaft zugelassen sind beziehungsweise das „Natur im Garten" Gütesiegel haben. Verwendet werden können z. B. Mittel mit den Wirkstoffen Kaliseife, Rapsöl, Azadirachtin.

Zum Naturgarten Schritt für Schritt

Foto: NiG/Haider

Foto: NiG/Haiden

Hecken, ein begrüntes Dach, Steinmauern, Kräuterspirale – das alles sind Lebensräume für Tiere.

Lebenswichtige Naturräume

In Mitteleuropa herrscht die Siedlungs- und Kulturlandschaft vor. Wir brauchen Platz zum Leben, breiten uns aus, Industrie hat Vorrang – viele Pflanzen- und Tierarten mussten bereits weichen, weil ihnen die Lebensräume entzogen wurden. Seit der Industrialisierung, der Erfindung des Kunstdüngers und der Pestizide wenden wir uns immer mehr von der Natur ab, die wir doch zum Leben und Überleben dringend benötigen. Weltweit ist mittlerweile jede vierte Säugetierart und jede achte Vogelart vom Aussterben bedroht. Der Schutz von Lebensräumen ist also von besonderer Bedeutung.Gärten spielen für uns Menschen eine wichtige Rolle. Sie sind nicht nur ein Refugium, nach eigenen Vorstellungen gestaltet, für Erholung und Entfaltung geschaffen, sondern auch ein Ort mitunter unbemerkter biologischer Vielfalt. Doch diese Vielfalt müssen wir auch zulassen. Nur durch das Miteinander von Mensch und Natur ist Biodiversität möglich. Lassen Sie wilde Ecken stehen, gestalten Sie Ihren Garten vielfältig mit Hecken, Bäumen und verschiedensten Blumen, Obst und Gemüse. Geben Sie einer Blumenwiese Raum, stellen Sie auf natürlichen Pflanzenschutz um. Ziehen Sie eine Natursteinmauer dem Beton vor und verwenden Sie auch sonst natürliche und regionale Materialien für Bauprojekte. Die passen nicht nur in die Landschaft, sondern belasten unser Klima auch viel weniger durch geringe Transportwege.

Wilde Ecken im Garten haben eine große Anziehungskraft auf viele tierische Gartenbewohner.

Wichtige Naturgartenelemente

Naturgartenelemente sorgen für Lebensraum und biologische Vielfalt. Es sind Strukturen, die eine große Artenvielfalt ermöglichen.

Wildwuchs Jäten Sie nicht alles. Es lohnt sich, verschiedene Beikräuter in den Beeten stehen zu lassen, etwa als Futterquelle für Nützlinge oder um die Bodenstruktur stabil zu halten oder zu verbessern. Brennnesseln am hinteren Zaun in dünner Reihe, zu beiden Seiten des Zauns gemäht, sind ideale Raupenfutterpflanzen. Persischer Ehrenpreis lockt Blattlausfresser schon zu Befalls-beginn an. Das Motto heißt: Einfach weniger Ordnungsliebe an den Tag legen.

Wildes Eck Bleibt etwas mehr stehen als nur einige Wildpflanzen, entsteht schnell ein nützliches „Wildes Eck". Totholzhaufen, Steinhügel und andere Elemente bilden gemeinsam mit Spontanvegetation einen Lebensraum für viele Arten. Vor allem Laufkäfer fühlen sich unter beschatteten Steinen und Holz wohl und wandern rasch zu.

Sonderstandorte Spezielle Standorte können unterschiedlichsten Organismenarten einen Lebensraum bieten. Gut angelegte Gartenteiche beherbergen etwa „Schneckenkiller" wie Frösche und Kröten oder Fliegen- und Wespenjäger wie Libellen. Trockensteinmauern bieten Kröten, Eidechsen, Laufkäfern und anderen Arten eine Heimat. Stehendes Totholz, also abgestorbene Bäume, die stehen bleiben dürfen, sind die einfachste Möglichkeit, eine Vielzahl gefährdeter Arten in den Garten zu bekommen. Natürlich muss man auf Standsicherheit achten. Sandgärten kommen mehr Bienenarten zugute als Nützlingshotels; Magerbepflanzungen, etwa extensive Dachbegrünungen, sind sehr artenreich. Und schließlich sind auch nicht ausgebaute Dachböden Paradiese für Tiere, ob als Überwinterungsorte für Schwebfliegen, Schmetterlinge & Co. oder vielleicht sogar als Fledermausquartiere. Wie schnell solche Lebensräume besiedelt werden, hängt von der Umgebung ab. Frisch eingelassene Teiche werden oft schon in den ersten Stunden von Libellen und Wasserkäfern entdeckt. Auf Amphibien muss man mitunter Jahre warten.

Illustration: Monika Biermaier

Blumenwiesen sind sehr nützliche Biotope.

Foto: NiG/Gundacker

Foto: NiG/Benes-Oeller

Auf den ersten Blick wird klar: Monotone Schnitthecken (links) sind im Gegensatz zu Wildstrauchhecken (rechts) artenarm.

Bunter Lebensraum Hecke

Heutige Gärten sind viel zu oft eingefriedet von monotonen Schnitthecken aus einer einzigen Pflanzenart. Thuja ist sehr beliebt, dabei aber ökologisch gesehen wenig wertvoll. Sie bietet zwar Brutplätze für Amsel und Mönchsgrasmücke und Lebensraum für die Labyrinthspinne, Thujenhecken können aber keiner einzigen heimischen Tierart Nahrung liefern, nur 3 Neuzuwanderern, nämlich der Thujenminiermotte und 2 Holz zerstörenden Käferarten, alle ohne heimische Fressfeinde. Kein ökologisches Gleichgewicht kann einer Thujenhecke also das Leben retten, wenn die Schädlinge auftreten.

Auch mit heimischen Arten wie Eibe, Liguster, Feld-Ahorn oder Hainbuche werden Schnitthecken bestückt. Hainbuche und Ahorn sind Bäume, die durch Schnittmaßnahmen im Jugendstadium gehalten werden.

Im ausgewachsenen Stadium bieten sie Lebensraum für zahlreiche Tierarten. In der Jugendform sind es aber nur eine Handvoll Tierarten, die diese Pflanzen nutzen können. Auch bei Eibe ist die Situation nicht wesentlich besser. Etwas entspannter ist die Lage bei dem Ligusterstrauch. Gelegentlich erscheinende Blüten und manchmal sogar Früchte bieten Nahrung. Bei den windblütigen Eiben sind für die Tiere dagegen nur weibliche Pflanzen ihrer Scheinfrüchte wegen interessant.

Wildsträucher

Die ökologisch interessante Alternative zu Schnitthecken ist daher eine bunt gemischte, nicht in Form geschnittene Hecke, aus möglichst vielen heimischen Wildsträuchern. Eine Vielzahl an Tierarten findet darin ihren Lebensraum. Sie ist Brutplatz für zahlreiche Vogelarten und Überwinterungsplatz für viele Nützlinge bis hin zum Igel, beherbergt eine große Insektenvielfalt von Nützlingen bis zu Bestäubern und zahlreiche verschiedene Spinnenarten. Nicht zuletzt bietet eine Mischhecke viele Wildfrüchte, die für Mensch und Tier nützlich sind.

Bedenken sollte man bei der Anlage, dass solche Hecken breit werden. Mindestens 1,5 Meter Breite müssen Sie für eine einreihige Hecke rechnen. Es gibt aber einige schöne Alternativen dazu.

Dirndlsträucher (Kornelkirschen) sind mit ihren Fruchtsorten als ökologisch wertvolle Schnitthecke empfehlenswert. Es handelt sich um die einzige Obstart, die quaderförmig geschnitten vollen Ertrag bietet. Sowohl die frühe Blüte als auch die Früchte können von vielen Tierarten genutzt werden. Allerdings kann die Vielfalt noch gesteigert werden, wenn mehrere Pflanzenarten verwendet werden.

Kletterpflanzen können einen stabilen Zaun in eine recht schmale Hecke verwandeln. Hierfür eignen sich etwa Waldreben (*Clematis*), deren Pollenblumen vorwiegend Hummeln, Käfer und Fliegen ernähren, und Geißblätter (*Lonicera*), auch als Jelängerjelieber bekannt, deren Blüten für Nachtfalter, aber auch Hummeln interessant sind. Die für Menschen leicht giftigen Beeren werden von Vögeln und Kleinsäugern wie Haselmaus und Siebenschläfer gefressen. Strahlengriffel (*Actinidia*), zu denen auch die Kiwi gehört, bieten Blüten für viele Bienenarten und Früchte für Menschen und Kleinsäuger. Auch Kletterstauden wie Hopfen, Zaunwinde und Zaunrübe können dichte, noch schmalere Wände bilden, und das sogar an Maschendrahtzäunen. Leider treiben diese Pflanzen Ausläufer und werden dadurch mitunter etwas lästig. Einjährige Kletterer schließen dagegen zu langsam und werden erst im Hochsommer blickdicht.

Illustration: Monika Biermaier

Nützlinge in einer Wildstrauchhecke.

Pflanzabstände

Wie bei der konventionellen Hecke gilt auch bei Mischhecken: Je enger gepflanzt wird, desto schneller schließt die Hecke, aber desto kurzlebiger sind auch die schwächeren, möglicherweise für den Standort nicht geeigneten Pflanzen. Je weiter der Abstand ist, umso länger bleiben Lücken, dafür bleibt die Hecke lange erhalten. Bei gemischten Hecken können die Sträucher auch dichter gesetzt werden, wenn man einkalkuliert, dass die schwächeren im Laufe der Zeit absterben und ihre Nachbarn deren Platz einnehmen. Wenn regelmäßige Pflanzabstände erwünscht sind und keine Sträucher ausfallen sollen, ist ein Pflanzabstand von 1,5 Meter empfehlenswert, für Sichtschutzhecken auch weniger.

Auch der Wurzelradius spielt beim Pflanzen eine Rolle, der nicht dem „Kronen"-Radius des ausgewachsenen Strauchs entsprechen muss. Das gilt beispielsweise bei Kletterpflanzen, die problemlos ineinanderranken können. Hier ist nur die Wurzelkonkurrenz interessant. Der Wurzelradius des flach wurzelnden Strahlengriffels beträgt etwa 100–150 Zentimeter, bei den tief wurzelnden *Clematis* etwa 20–30 Zentimeter. Für Strahlengriffel ergeben sich daher Pflanzabstände von 2,5 Meter. *Clematis* können sogar innerhalb des Wurzelradius des Strahlengriffels gepflanzt werden, da die Wurzeln sich gegenseitig nicht in die Quere kommen.

Auch bei Sträuchern ist Wurzelkonkurrenz wichtig. So können schattentolerante Arten durchaus unter sonnenliebenden Arten wachsen, vorausgesetzt, sie gehen einander mit den Wurzeln aus dem Weg. Tiefwurzler vertragen dabei geringere Abstände als Flachwurzler.

Zweireihige Hecken sind mindestens 2,5 Meter breit. Sie werden auf Lücke versetzt gepflanzt. Sie können dabei auch eine Abstufung vornehmen, indem die hochwüchsigeren Sträucher in die hintere Reihe kommen und niedrigere Sträucher die vordere Reihe bilden. Bei 3-reihigen Hecken, die mindestens 3,5 Meter breit sein sollen, kommen in die mittlere Reihe die hochwüchsigen Arten, die Randreihen bleiben niedrig.

Heckenschnitt

Begrenzungsschnitt Bei konventionellen Hecken wird der Begrenzungsschritt als sogenannter Formschnitt ausgeführt, um das Wachstum der Sträucher sowohl in der Höhe als auch in der Breite zu begrenzen. Idealer Schnittzeitpunkt ist in Mitteleuropa der Juni, obwohl zu dieser Zeit dann auch oft blüten- und fruchttragende Triebe dem Schnitt zum Opfer fallen.

Verjüngungsschnitt Um überalterte Hecken wieder zu verjüngen, wird eine Hecke im Vorfrühling, vor dem Austrieb, geschnitten. Die Hecke sieht auf Dauer wieder viel jünger und frischer aus, rasch vergreisende Gehölze blühen und fruchten wieder besser.

Das traditionelle „auf Stock setzen", also das bodennahe Zurückschneiden einer ganzen Hecke, hat dabei große Nachteile. Es zerstört die Funktionalität der Hecke für eine ganze Saison; ältere Gehölze benötigen meist noch länger, bis sie sich wieder erholt haben. Auch werden austriebsstärkere Gehölze gegenüber schwach oder nicht mehr austreibenden Arten gefördert.

Um diese Nachteile zu umgehen, kann man eine Hecke auch abschnittsweise auf Stock setzen, beispielsweise nur etwa die Hälfte der Sträucher schneiden und die anderen Sträucher fünf Jahre später. Möglich ist auch, nur die großwüchsigen Gehölze zu verjüngen oder wuchs- und austriebsstarke Arten auf Stock zu setzen, austriebsschwache oder langsamwüchsige Arten geringer oder gar nicht zurückzusetzen.

Erhaltungsschnitt bzw. Auslichten Ist die wichtigste Schnittmaßnahme einer Mischhecke. Die Sträucher behalten dadurch ihre dichte Wuchsform und die Blütenfülle wird gefördert. Beim Auslichten bleibt auch die Altersstruktur der Hecke erhalten. Es werden nur einzelne Äste bis zu deren Basis oder einer kräftigen Verzweigung entfernt.

Alles zum Thema Hecken, Artenlisten, Schnittzeitpunkte und mehr finden Sie im Buch ***Hecken für naturnahe Gärten*** *von Gregor Dietrich (ISBN 978-3-7040-2155-7).*

Vom Rasen zur Wiese

Wo Flächen im Garten häufig betreten werden, wo gespielt wird oder sich ein Sitzplatz befindet, da wird normalerweise eine Rasenfläche angelegt. Als Schönheitsideal gilt hier häufig der klassische Englische Rasen oder Zierrasen, der mit einheitlichem Grün und ohne Beikräuter gleichförmig in Erscheinung tritt. Dass der Pflegeaufwand sehr hoch ist, wird gern in Kauf genommen, aber oft vergessen, dass ein Englischer Rasen nicht betreten werden sollte. Die praktischere Wahl ist der Gebrauchsrasen. Aus ökologischer Sicht ist vor allem der Zierrasen – selbst wenn er naturnah gepflegt wird – nicht empfehlenswert. Nur max. 5 Grasarten sind darin vertreten, das Bodenleben ist verständlicherweise ebenso dürftig bestückt. Ein erster Schritt hin zum naturnahen Garten und Rasen ist schnell getan: Lassen Sie auch mal das eine oder andere Kraut wachsen. Kräuter sind trittfest und manche, wie die Gänseblümchen, sogar essbar.

Auf optimalen Abstand setzen

Der ideale Pflanzabstand ergibt sich aus der Breite der ausgewachsenen Sträucher, die sehr unterschiedlich sein kann (z.B. Haselnuss ca. 4 m, Blaue Heckenkirsche 1m). Die Gesamtbreite der beiden Sträucher wird halbiert (Haselnuss = 2m, Blaue Heckenkirsche =0,5 m) - die Summe der beiden halben Breiten (= 2,5 m) ergibt den optimalen Abstand. Bei verschiedenen Sträuchern gibt es dadurch unterschiedliche Pflanzabstände.

Kräuterrasen

Eine gute und ökologisch sinnvolle Alternative zum Englischen Rasen stellt der Kräuterrasen dar. Das ist eine kurz gehaltene Wiese, die neben Gräsern auch Leguminosen und Kräuter enthält, nur alle 2–4 Wochen gemäht werden muss und keine Düngung benötigt. Der Pflegeaufwand hält sich also in Grenzen, zumal nur bei starker Trockenheit gegossen werden muss. Achten Sie bei einer Neuanlage auf lockeren Boden und arbeiten Sie eventuell Rasenquarz ein, denn je nährstoffärmer der Boden ist, umso bunter wird die Rasenfläche. Die spätere Artenzusammensetzung etabliert sich je nach Wasserhaushalt, Bodenstruktur, Nährstoffgehalt und Mahd.

Foto: NiG/Gundacker

Monokultur: Rasen.

Foto: NiG/Benes-Oeller

Kräuterrasen.

Die Blumenwiese

Wo Flächen betreten werden, ist ein Kräuterrasen genau die richtige Wahl, ruhigere Bereiche eignen sich dagegen sehr gut zur Anlage von Wiesenflächen. Im Gegensatz zum Zierrasen ist die Wiese ein ökologisches Kleinod und Paradies für zahlreiche Tiere und Pflanzen. Bis zu 50 Pflanzenarten können in einer Wiese vertreten sein, nur 2-mal im Jahr muss gemäht werden, Düngen und Gießen entfallen komplett. Bei so viel Nützlichkeit und Schönheit sowie dem geringen Pflegeaufwand lohnt es sich, auch nur einige kleine Wiesenstreifen anzulegen.

Auswahl an geeigneten Arten für Kräuterrasen

Schafgarbe, Römische Kamille, Mittlerer Wegerich, Gänseblümchen, Ehrenpreis, Gewöhnliche Brunelle, Kriechendes Fingerkraut, Karthäuser-Nelke, Rauer Löwenzahn, Herbstlöwenzahn, Thymian, Margerite, Wiesensalbei, Wiesenflockenblume, Wiesenknopf, Wiesenlabkraut, Gundermann, Pfennigkraut, Günsel; Gewöhnlicher Hornklee, Inkarnatklee, Rotklee.

Die Mahd 1- bis 3-mal im Jahr muss eine Blumenwiese gemäht werden; dabei hält man am besten immer denselben phänologischen Mähzeitpunkt ein. Ausschlaggebend ist eine Leitpflanze, z. B. die Margerite. Die erste Mahd erfolgt, wenn die meisten Margeriten am Abblühen sind oder zur ersten Blühwelle des Knäuelgrases. Die zweite Mahd im September kann sich nach der Hauptblüte der Kanadischen Goldrute richten.

Rasenpflege

In der Hauptwachstumszeit des Zierrasens zwischen Mitte April bis Juni muss ein Rasen einmal wöchentlich gemäht werden, in der übrigen Zeit von Wachstumsbeginn bis Oktober alle 1–2 Wochen. Vor allem im Hochsommer und bei längerer Trockenheit sollte der Rasen nicht zu kurz gemäht werden. Im naturnahen Garten kann Mulchmahd, etwa mithilfe eines Mähroboters, positive Effekte bewirken, denn der gemulchte Grasschnitt dient als Düngung und behindert die Keimung von Unkräutern verhindert Rasenfilz und das Aufkommen von Moosen. An feuchteren Standorten kann der Mulch aber auch zum Verschlämmen und damit Verdichten der Bodenoberfläche führen. Daher sollte man in solchen Fällen ab und an mit Korb mähen.

Foto: NiG/Haiden

Ein Kräuterrasen bietet auch Blüten für verschiedene Insekten.

Rasenpflege konventionell und biologisch im Vergleich

	Konventionelle Maßnahmen	Biologische Maßnahmen
Mahd	Mahd mit Fangkorb entzieht dem Boden regelmäßig Nährstoffe, die über eine stärkere Düngung ausgeglichen werden müssen.	Mulchmahd bietet regelmäßige Nahrung für das Bodenleben. Da dabei Stickstoff ausgast, muss dennoch, idealerweise zu Saisonbeginn, stickstoffbetont organisch gedüngt werden. Insgesamt reduziert sich der Düngebedarf.
Düngung	Kunstdünger bieten Pflanzen Nährstoffe, das Bodenleben verhungert. Nimmt das Bodenleben ab, verdichtet der Boden, kann verfügbare Nährstoffe kaum speichern, enthält weniger Luft, kann weniger und langsamer Wasser aufnehmen – was zu Staunässe und schlechter Krümelstruktur führt, aber auch zu Trockenschäden in Hitzephasen.	Organischer Dünger füttert das Bodenleben, das Bodenleben füttert die Pflanze. Das Bodenleben hält die Krümelstruktur aufrecht und sorgt für eine gleichmäßige Zufuhr von Nährstoffen und Wasser. Der Rasen wächst gleichmäßiger und ist für Witterungswechsel besser gerüstet.
Allgemeine Arbeiten	häufige Bewässerung, Kunstdüngung, Herbizide, Aerifizieren (Belüften), Besanden.	Seltenere und dafür ausgiebigere Bewässerung, bei stark verdichteten Böden evtl. Aerifizieren (Belüften, Besanden).
Vertikutieren	Symptombekämpfung zum Entfernen von Rasenfilz und Moos.	Bei guter biologischer Pflege unnötig.

Bewässerung Bei Trockenheit muss ein Rasen 2-mal wöchentlich mit 30 Litern pro Quadratmeter – das entspricht einer Wassersäule von 30 Millimetern – beregnet werden. Das Wasser versickert und führt zu Tiefenwachstum der Graswurzeln; zu häufiges Gießen lässt dagegen einen oberflächennahen Wurzelfilz entstehen oder gar das Wurzelwachstum verkümmern. Das führt bei Hitze zu raschen Trockenschäden und damit zu Freiraum für Unkrautkeimlinge.

Aerifizieren Verdichtete Böden müssen belüftet werden, damit Gräser, Kräuter und Blumen wachsen können. Dazu werden schmale Löcher in den Boden gestochen. Die Löcher dürfen nicht in den Boden gedrückt werden, da dies seitlich nur zu stärkerer Verdichtung führt, sondern müssen gestanzt werden. Dabei wird die Erde entfernt und der Rasen anschließend mit scharfkantigem, nicht verdichtendem Sand, z. B. Quarzsand oder Rasenquarz, bestreut und die Löcher damit verfüllt. Bei Neuanlage eines Rasens arbeitet man am besten gleich Rasenquarz ein, in schweren, tonigen Lehmböden durchaus eine bis 10 Zentimeter hohe Schicht in die obersten 20 Zentimeter. Bei größeren Rasenflächen lohnt es sich, einen Aerifizierer im Fachhandel auszuleihen. Die Geräte enthalten Stacheln, die bis zu 10 Zentimeter in die Erde eindringen.

Illustration: Monika Biermaier

Rasen ist im Gegensatz zu Kräuterrasen und Blumenwiese artenarm.

Die Umstellung

Um vom konventionell angelegten und gepflegten Zierrasen zur ökologisch wertvollen Wiese, zum Kräuterrasen oder einem ökologisch höherwertigen Gebrauchsrasen zu kommen, gibt es mehrere Möglichkeiten. Gebrauchsrasen besteht beispielsweise überwiegend aus trittfestem *Lolium perenne* (Deutsches Weidelgras, Englisches Raygras). Bei einer Neuansaat sollte deshalb gleich eine Mischung aus mehreren Gräserarten verwendet werden. Bei schon vorhandener Rasenfläche können verschiedene Gräserarten eingesät werden, da dann auch eine größere Kräutervielfalt möglich ist.

Die Einsaat in bestehende Rasenflächen ist nur mit ungereinigtem Saatgut sinnvoll, da bei der Reinigung die Mechanismen, die die Samen unter die Erde bringen, vernichtet werden. Es besteht die Möglichkeit, Samen mit Erlaubnis des Besitzers in benachbarten Wiesen zu sammeln. Dabei müssen Sie aber unbedingt die Naturschutzgesetze beachten und vor allem auch verschiedene Grasarten entnehmen. Diese Methode dauert allerdings länger als eine Neuansaat. Etwas weniger aufwendig ist es, geeignete Pflanzen separat zu kultivieren oder fertig zu kaufen, im Herbst einzelne Stellen im Rasen umzugraben und die neuen Kräuter und Gräser dorthinein zu pflanzen.

Achtung, das bitte nicht!

Rasenunkrautvernichter sind Herbizide, die entweder zum Absterben zweikeimblättriger Pflanzen führen, sogenannte selektive Herbizide. Beide Gruppen sind Pflanzenhormone. Fachleute warnen, herbizidbehandelten Rasen nicht mit nackter Haut zu berühren – also nicht barfuß zu betreten und nicht in Badekleidung im Gras zu liegen. Besonders empfindlich reagieren Kinder.

Die Neuanlage

Für die Neuanlage von Kräuterrasen und Blumenwiesen muss der Boden zuvor durch Untermischen von kantigem Sand (Quarzsand) abgemagert werden, da gerade Blumenwiesen auf nährstoffarmen Böden gut gedeihen. Alternativ können Sie die vorgesehene Fläche auch mithilfe von Starkzehrern, z. B. Kukuruz oder Kürbis, abmagern, die 2 Jahre lang auf der Fläche wachsen sollten. Verwenden Sie bei der Gräser-Kräuter-Mischung keine Billigmischungen, die meistens Luzerne und Esparsette enthalten. Andere Leguminosen, wie Hornklee und Wundklee, sollten nur zu maximal 5 Prozent vertreten sein. Ein Anteil von 20–40 Prozent Kräutern ist ideal, hochwüchsige Blumenwiesen sollten im Grasanteil kein Weidelgras (Raygras) enthalten, betretbare Kräuterrasen schon. Das Kräutersaatgut wird vor der Aussaat mit Sand gemischt, um eine gleichmäßigere Verteilung der sehr unterschiedlichen, teils sehr feinen Samen zu gewährleisten.

Auch ein sogenannter Schotterrasen ist eine gute Alternative zum Zierrasen. Es handelt sich um einen Kräuterrasen auf kantigem Schotter. Für die Anlage werden die obersten 20 Zentimeter des Bodens entfernt, der Boden festgetreten, mit 20 Zentimeter Schotter mit einer

Körnung von 0–45 mm aufgefüllt und darauf die Schotterrasenmischung gesät. Dazu wird das Saatgut mit Sand und etwas Reifkompost vermischt und auf der Fläche verteilt, festgetreten und angegossen. Die geringe Kompostmenge enthält etwas zur Keimung benötigtes Wasser. Schotterrasen ist sehr trittfest und kann auch gelegentlich befahren werden.

Foto: shutterstock.com/Manfred Ruckszio

Bunte Blumenwiese u. a. mit Margeriten, Kornblumen, Leimkraut, Schafgarbe.

Illustration: Monika Biermaier

Baumbewohner.

Der Hausbaum

Bäume sind neben Sträuchern die wichtigsten Strukturgeber im Garten. Mit Bäumen kommen wir in der Gestaltung hoch hinaus und erschließen mit ihnen die dritte Dimension des Gartens. Sie gliedern den Garten in Räume und sind wunderbare Augenweiden, beliebte Schattenspender und lebendige Lebensräume.

Wie der Name „Hausbaum" verrät, steht der Baum in der Nähe des Hauses. Ob in kleinen Reihenhausgärten oder in größeren, parkähnlichen Gärten – ein Hausbaum sollte auf keinen Fall fehlen. Er passt in den Vorgarten ebenso wie in den hinteren Teil des Gartens; als Schattenspender für die Terrasse oder das Haus gibt er Geborgenheit und Schutz.

Bei der Auswahl des perfekten Hausbaums sind jedoch einige Kriterien zu beachten, um lange Freude mit dem Baum zu haben. Wichtigstes Kriterium sind Wuchshöhe und Wuchsbreite, aber auch die Art der Fruchtausbildung, Farbe, Textur und Form der Blätter, der Äste und des Stamms sowie die Blüte. Auch die Standortwahl als gestalterischer Aspekt ist wichtig.

Laub statt Nadeln

Wurden in den 1970er- und 1980er-Jahren noch gerne Nadelbäume in Gärten gesetzt, hat es mittlerweile ein Umdenken gegeben. Einerseits passen Nadelgehölze wie etwa Fichte oder Lärche nicht in Tieflagen, andererseits hat man mit Nadelgehölzen einige Probleme im Garten. Nadelgehölze sind zumeist Flachwurzler und können daher, bei stärkerem Wind oder orkanartigen Böen entwurzelt werden. Aufgrund der flachgründigen Durchwurzelung trocknen Nadelbäume den Boden schneller aus. Die Anlage einer Wiese oder eines Staudenbeets unter Nadelgehölzen ist daher problematisch und es bleiben meist braune kahle Stellen unter diesen zurück. Außerdem können die verschiedenen Jahreszeiten mit ihren besonderen Aspekten mit Nadelgehölzen kaum erlebt werden. In der heutigen Zeit stehen Farben, Vielfalt, Duft und das aktive Erleben der Jahreszeiten bei der Gartengestaltung im Vordergrund. Daher bekommen Nadelgehölze oft nur wenig Platz in neuen Gärten.

Gestaltungsmöglichkeiten

Der Hausbaum soll Begleiter durch das ganze Leben sein, es lohnt sich daher, bei der Auswahl sorgfältig vorzugehen. Zunächst sollte ganz klar sein, wo der Baum stehen wird und welche Funktionen er zu erfüllen hat: Soll er im Vorgarten stehen als Blickfang in der Nähe der Eingangstür, nahe der Terrasse als Schattenspender dienen, vor das Küchenfenster kommen, damit Vögel beobachtet werden können, oder als Raumteiler zwischen Gartenräumen eingesetzt werden? Sie sehen schon: Es gibt sehr viele gestalterische und funktionale Möglichkeiten. Dazu kommen Wünsche wie besondere Blüten, Blütenfarbe, dekorativ geformtes oder farbiges Laub, essbare Früchte oder eine auffallende Herbstfärbung.

Vom Wuchs unter und über der Erde

Für die Auswahl des richtigen Baums ist vorrangig die Wuchshöhe und -breite sowie die Art der Bodendurchwurzelung zu beachten. Es macht keinen Sinn, wenn ein Baum ohne genaue Vorkenntnisse ausgesucht wird und 10 Jahre später gefällt werden muss, da er zu nah am Haus steht oder zu groß für den Garten geworden ist. Wirkt ein Baum beim Kauf noch klein und unscheinbar, trügt der Schein meistens. Bäume wachsen und werden größer, wie groß, das müssen Sie vor dem Kauf klären. Baumschulen und Gartenspezialisten wissen, wie hoch und wie breit ein Baum wachsen wird und ob es sich um einen Flachwurzler oder Tiefwurzler handelt.

Neben der Größe und der Breite erzeugt auch der Wuchscharakter bei Bäumen eine besondere

Foto: NiG/Benes-Oeller

Die Elsbeere ist ein empfehlenswerter Hausbaum.

Wirkung. Manche Bäume wachsen dichter und kompakter und erzeugen dadurch einen sehr dunklen Schatten, andere wiederum bewirken durch ihren lockeren Wuchs sehr lichten Schatten, sodass sich Stauden und Kräuter als Unterpflanzung wohlfühlen. Manch ein Baum wächst auch schon in jungen Jahren sparrig und wirkt sehr schnell wie ein alter knorriger Baum. Grundsätzlich gibt es für jeden Gartenbesitzer und jede Gartenbesitzerin den idealen Hausbaum mit dem perfekten Wuchscharakter. Ob schlank und säulenförmig, rund und kompakt, weit ausladend, aufrecht und straff oder kegelförmig, die Auswahl an Formen ist aufgrund der vielen Arten und Sorten beinahe unbegrenzt.

Von Farben und Formen

Wenn man an auffällige Farben oder Strukturen denkt, dann kommt einem als Erstes die Herbstfärbung in den Sinn. Wer jedoch im Zyklus der Jahreszeiten Bäume genauer beobachtet, dem fällt auf, wie abwechslungsreich sich viele Gehölze vom Frühjahr bis in den Winter präsentieren. Vom bunten Blattaustrieb, den ersten Blüten, verschiedenen Blattstrukturen über buntes Laub bis hin zu besonderer Rindenform gibt es jede Menge zu entdecken. Im Herbst und Winter, wenn die Gehölze ihr Laub verlieren, sind außergewöhnlich geformte und gefärbte Zweige oft ein attraktiver Blickfang. Außerdem gibt es Arten und Sorten mit speziellen Formen, z. B. Hängeform, Säulenform, Trichterform. Richtig platziert und im Garten in Szene gesetzt, sind solche Bäume etwas ganz Spezielles.

Ökologischer Wert

Für zahlreiche Insektenarten, Vögel und kleine Säugetiere sind Bäume sowohl Nahrungsquelle als auch Lebensraum. Je älter ein Baum ist, umso mehr Lebensraum bietet er verschiedensten Arten. Bäume mit nektarreichen Blüten werden im Frühling von Wildbienen, Wespenarten, Käfern und anderen Insekten besucht. Daneben dienen auch die Pflanzensäfte des Baums einzelnen Insektenarten als wichtige Nahrungsquelle.

Ein wichtiger Aspekt bei der Auswahl eines Baums ist deshalb sein ökologischer Wert. Wählen Sie einen heimischen Baum aus und/oder einen, der von Nutzen für die Fauna ist, der z. B. mit ungefüllten Blüten oder schmackhaften Früchten aufwartet. Bäume dienen Vögeln als Nistplätze und bieten mit Früchten und Nüssen wichtige Nahrung. Gerade im Winter lassen sich auf größeren Bäumen die unterschiedlichsten Vogelarten beobachten. Der Hausbaum erfüllt eine tragende Funktion im Garten; neben der positiven schattenspendenden Eigenschaft gibt es auch viel zu beobachten.

Pflanzung und Pflege

Das Pflanzloch muss mindestens doppelt so groß sein wie der Wurzelballen selbst. Das ist eine wichtige Grundregel, wenn man einen Baum pflanzt. Lockern Sie die Erde rundherum und verbessern Sie den Boden mit reifem Kompost. Sind diese Vorbereitungen getroffen, wird ein Pflock in das Pflanzloch gesteckt und der Baum daran angebunden, denn er benötigt in den ersten Jahren eine Stütze, um sicher zu stehen und gerade zu wachsen.

Nun kann gepflanzt werden. Achten Sie darauf, dass die Erde gut zwischen die Wurzeln rieselt und keine Hohlräume entstehen. Eine um den Baum geformte Gießmulde verhindert, dass Wasser nach dem Gießen vom Baum abrinnt. Zum Anbinden werden breite Schnüre oder Bänder verwendet, die regelmäßig kontrolliert werden sollten. Manche Schnüre scheuern am Baum, vor allem, wenn sie zu locker sind. Auch ein Einwachsen der Schnur in den Stamm kann durch regelmäßige Kontrolle verhindert werden.

Besonders bewährt hat sich …

… ein regelmäßiger Auslichtungsschnitt oder Verjüngungsschnitt bei Obstbäumen und Sträuchern. Jüngere beziehungsweise frisch ausgetriebene Zweige besitzen nämlich oft eine kräftige Färbung, die im Alter mitunter verblasst.

Gut gewässert und geschützt

Ein Baum muss nur im ersten Jahr nach der Pflanzung regelmäßig gegossen werden, danach sollte er auch ohne zusätzliche Wassergaben auskommen. Das gilt auch für die Düngung, denn wichtig ist nur die Versorgung mit reifem Kompost vor dem Pflanzen. Bäume können weitreichende Gebiete durchwurzeln und so genügend Nährstoffe finden und binden.

Steht ein Baum sehr exponiert oder ist mit einer starken Wärmeabstrahlung durch Pflasterflächen zu rechnen, versehen Sie den Stamm mit einem weißen Anstrich als Schutz vor winterlichem Sonnenbrand, bei dem die nördlich ausgerichtete Stammseite kalt und gefroren ist, während sich die südlich ausgerichtete Seite durch starke Sonneneinstrahlung erwärmt und auftaut. Aus diesem Grund entstehen Spannungen in der Rinde und in der Folge reißt das südlich ausgerichtete Stammareal auf. Dadurch wird der Stamm massiv geschädigt und leicht können Krankheitserreger, Pilze und Insekten in den Baum eindringen und diesen schwächen.

Der Schnitt

Bedenken Sie beim Baumschnitt immer, dass der natürliche Habitus erhalten bleiben soll. Bäume sollen nur im Bedarfsfall geschnitten werden, da jeder Schnitt eine Wunde verursacht, die es Pilzen und Bakterien erleichtert, den Baum zu befallen. Am schnittverträglichsten sind Bäume in jungen Jahren, wenn die Äste noch sehr dünn sind. Äste in Armdicke sollten nach Möglichkeit nicht mehr abgeschnitten werden. Entfernen Sie vorrangig kranke, abgestorbene oder aneinanderreibende Äste.

Auswahl empfehlenswerter kleiner bis mittelgroßer Bäume für den Naturgarten

Name deutsch/botanisch	Höhe/Breite in Meter	Standort	Besonderheit
Birke (*Betula pendula*)	18/7	Anspruchslos.	Weiße Rinde, goldgelbe Herbstfärbung.
Blumenesche (*Fraxinus ornus*)	8/4	Anspruchslos, wärmeliebend.	Weiße, duftende Blüten im Mai/Juni.
Blutpflaume (*Prunus cerasifera*)	7/6	Anspruchslos, in Höhenlagen in der Jugend frostempfindlich.	Früchte essbar, Blüte rosa im April.
Dreh-Weide (*Salix erythroflexuosa*)	4/3	Durchlässiger Gartenboden, frisch-feucht, anspruchslos.	Korkenzieherartig gedrehte Äste und Zweige, wüchsig.
Eberesche (*Sorbus aucuparia*)	12/6	Anspruchslos, empfindlich gegen Bodenverdichtung.	Cremefarbene Blüte im April, Fruchtschmuck ab August.
Feld-Ahorn (*Acer campestre*)	10/7	Sehr robust, wärmeliebend.	Gelbe Herbstfärbung.
Flaum-Eiche (*Quercus pubescens*)	10/6	Verträgt extreme Trockenheit.	Lockerer Wuchs.

Name deutsch/botanisch	Höhe/Breite in Meter	Standort	Besonderheit
Hänge-Maulbeerbaum (*Morus alba* 'Pendula')	3/3	Durchlässiger, normaler Gartenboden, trocken-frisch, wärmeliebend, anspruchslos.	Zweige bis zum Boden hängend, anfangs weiß, später rosa, dann schwarzrot, essbar.
Hänge-Ulme (*Ulmus glabra* 'Pendula')	5/8	durchlässiger, nahrhafter, lockerer Gartenboden, frisch-feucht, kalkliebend.	Breite, schirmartige Hängeform, sehr malerischer Wuchs, gelbes Herbstlaub.
Hopfenbuche (*Ostrya carpinifolia*)	15/10	Wärmeliebend, wächst auch auf sehr trockenen Böden.	Hopfenähnliche Fruchtstände im Sommer.
Kugelkirsche (*Prunus fruticosa*)	4/2,5	Anspruchslos.	Kugeliger Wuchs, für Vorgärten und strenge Gestaltungen geeignet, Früchte essbar.
Mandelbaum (*Prunus dulcis*)	6/4	Frosthart in warmen Lagen und auf nicht zu schweren Böden.	Im Frühjahr erster Blütenbaum, rosa oder weiß, März–April.
Mehlbeere (*Sorbus aria*)	10/7	Wärme- und kalkliebend, hitzefest.	Blüte im April/Mai, weiße Blattunterseite, Fruchtschmuck bis in den Winter.
Palmweide (*Salix caprea*)	7/4	Anspruchslos.	Kätzchenweide, attraktiver Kleinbaum, Blüte im März.
Rotdorn (*Crataegus laevigata*)	8/4	Anspruchslos.	Rote Blüte im Mai.
Seidenbaum (*Albizia julibrissin*)	5/4	Durchlässiger, sandiger Gartenboden, wärmeliebend, trocken-frisch, windgeschützt.	Lockerer Schattenbaum, pinkfarbene Blüten von Juni–September, wichtig für Bienen und Insekten.
Steinweichsel (*Prunus mahaleb*)	6/6	Sehr trockenheits- und hitzetolerant.	Sparriger Wuchs, Blüte im April, Holz hat intensiven Heugeruch.
Traubenkirsche (*Prunus padus*)	10/6	Anspruchslos, bis in Höhenlagen, darf nicht zu trocken stehen.	Schöner Blütenbaum, April/Mai, stark duftend.
Winter-Linde (*Tilia cordata* 'Greenspire')	12/10	Durchlässiger, nahrhafter Boden, frisch-feucht, sehr anspruchslos.	Aufrecht ovale, geschlossene Krone, raschwüchsig, gelbe Blüten.
Zimt-Ahorn (*Acer griseum*)	7/5	Durchlässiger, humoser Gartenboden, frisch-feucht.	Mehrstämmig, die rotbraune Rinde rollt sich papierdünn ab, rote Herbstfärbung.

Foto: NiG/Haiden

Fackellilien bringen Farbe und Höhe ins Beet.

Bunte Blumenbeete

Blumen bringen Leben und Farbe in den Garten, ihre Blüten erfreuen uns vom Frühjahr bis in den Herbst und sind Nahrungsquellen für nützliche Bienen, Hummeln & Co. Man unterscheidet ganz allgemein zwischen Einjährigen, Zweijährigen und Stauden. Während die einjährigen Sommerblumen nur für ein Jahr kultiviert werden oder von sich aus einjährig sind, werden Zweijährige im Sommer oder Herbst ausgesät und blühen dann im zweiten Jahr. Stiefmütterchen oder Bartnelken zählen dazu. Stauden sind mehrjährig und bleiben über mehrere Jahre auf dem Beet.

Sommerblumen

Sommerblumen werden meist fertig als Topfware gekauft und dann wie Stauden ausgepflanzt. Oft handelt es sich um Sorten, die keine Früchte mehr bilden, wodurch sie einiges an Wert für die Natur verlieren. Viele Exoten, etwa Salbeiarten mit langröhrigen roten Blüten, sind für unsere Bestäuber nutzlos. Mit dem Ende der Saison werden diese Pflanzen abgeräumt und durch neue Saisonware ersetzt – kaum ein nachhaltiger Vorgang. Für unsere Tierwelt nützlich sind wenige so verwendete Arten: *Ageratum*, Duftsteinrich, Ringelblume, *Verbena bonariensis*, *Verbena hastata*, *Verbena rigida*, Zauberschnee (*Euphorbia graminea* 'Inneuphdia' DIAMOND FROST® und Nachfolgesorten).

Empfehlenswerter sind bunte Sommerblumenmischungen, die binnen kurzer Zeit einen schönen Blütenteppich bilden. Sie werden direkt ins Beet gesät und können noch freie Plätze im Gartenbeet verschönern. Die einzige Arbeit ist das Abräumen des Beets und die Neuaussaat je nach Mischung im Frühjahr oder Herbst. Solche Pflanzungen können eine hohe Blütenvielfalt und eine große Nutzbarkeit für Bestäuber haben.

Sommerblumen wachsen rasch heran. Sie sind perfekt, um neue Gärten, etwa nach dem Hausbau, rasch zu begrünen. Manche Arten, etwa Portulakröschen (*Portulaca grandiflora*), Roter Lein (*Linum grandiflorum*), Buchweizen (*Fagopyrum esculentum*) oder Mandelröschen (*Clarkia unguiculata*), benötigen in der warmen Jahreszeit nur knapp über einen Monat von der Aussaat bis zur Blüte. Bleiben sie dann stehen und bilden Samen, tauchen sie überall wieder auf, sobald eine Lücke entsteht – z. B. wenn eine Staude, ein Strauch oder Baum abstirbt oder gerodet wird, nach dem Umgraben oder wenn der Rasen lückig wird.

Sommerblumen und Tierwelt

Im Naturgarten sollten nicht nur Schönheit und Verwendungsbereich der einzelnen Pflanzen eine Rolle spielen, sondern auch ihr Wert für die Tierwelt. Lang blühende Sommerblumenrabatten scheinen auf den ersten Blick immer eine Menge Nektar und Pollen anzubieten, doch oft trügt dieser Schein. Gefüllt blühende Sorten bieten oft weder zugänglichen Nektar noch Pollen. Manchmal fällt uns die Blütenfüllung gar nicht auf, weil alle Blumenblätter eine Fläche bilden, etwa bei der Jungfer im Grünen (*Nigella damascena*). Doch während der Wildtyp Nektardrüsen hat, die kleinen Solitärbienen Nektar bieten, sind diese Drüsen bei den immer gefüllt blühenden Gartenpflanzen zu Kronblättern umgewandelt. Die Pflanze bietet keinen Nektar.

Nicht nur die Blüten, auch die Früchte bieten Nahrung. Vögel und zahlreiche Insekten laben sich an Blüten und Samen, wobei einige auf ganz bestimmte Arten spezialisiert sind. Einige Krabbenspinnen etwa nutzen die Blüten, denen sie sich rasch farblich anpassen, um Insekten aufzulauern. Die Larven der bedrohten Ölkäfer und der gefährdeten Spanischen Fliege nutzen Blüten, um an Bienen heranzukommen, an denen sie sich dann festhalten und so in deren Bau transportiert werden. Dort verbringen sie einen Teil ihres Larvenlebens als Schmarotzer. Für einige Milben und Pseudoskorpione dienen Blüten ebenfalls als Haltestellen für ihre „Fluglinien", die sie als Transportmittel und manche Arten auch als Nahrungsquelle benutzen. Vögel sammeln abgestorbene feine Pflanzenteile des Vorjahrs als Nistmaterial, Insekten überwintern in hohlen Stängeln.

Manche Sommerblumen ernähren sogar Raupen. Und natürlich fressen auch weniger beliebte Insekten an Blatt und Stängel – wobei die Fraßleidenschaft mancher Art zum Problem werden kann. Bunte Pflanzungen jedoch gleichen Verluste rasch wieder aus, denn nicht alle Arten sind betroffen.

Foto: shutterstock.com/Hannamariah

Bergenien sind langlebig und pflegeleicht.

Langlebige Stauden

Stauden sind mehrjährige, krautige Pflanzen, die ihre Triebe und Blätter jährlich neu aus geschützt im Boden liegenden Überwinterungsorganen hervorbringen. Ihre oberirdischen Teile sterben am Ende der Vegetationsperiode ab, nur die unterirdischen Organe überdauern die für das Wachstum ungünstige Jahreszeit. Dabei sitzen die Knospen für den Neuaustrieb entweder dicht an oder tief unter der Erdoberfläche. Ausnahmen von dieser Regel bilden Arten wie Blaukissen (*Aubrieta*), Steinbrech (*Saxifraga*), Riesensteinbrech (*Bergenia*) und andere, deren Laub und Knospen auch den Winter über erhalten bleiben und nicht absterben. Man nennt diese – im Gegensatz zu den nur sommergrünen Arten – immergrüne Stauden.

So werden Stauden eingeteilt

Die allgemeine Einteilung in Leit-, Begleit- und Füllstauden ist keineswegs immer eindeutig, sondern hängt auch von der jeweiligen Zusammensetzung einer Pflanzengemeinschaft ab. Werden für ein Beet überwiegend dominante Stauden ausgewählt, rücken einige Arten in die zweite Reihe, die anderswo in Gesellschaft schlichter Arten durchaus die Hauptrolle spielen können. Der Sonnenhut (*Rudbeckia fulgida*) ist neben der eindrucksvolleren und höheren Sonnenbraut (*Helenium*) nur Statist, zusammen mit dem niedrigen Ährigen Garten-Ehrenpreis (*Veronica spicata*) gepflanzt aber die Hauptfigur.

Solitäre und Leitstauden Einzeln stehende, imposante Pflanzen werden als Solitäre bezeichnet; die Gold-Garbe (*Achillea filipendulina*) und *Inula magnifica*, der Riesen-Alant, zählen dazu. Neben verschiedenen Stauden können das auch Gehölze sein, doch im Gegensatz zu den Gehölzen, die meist das ganze Jahr attraktiv sind, müssen Stauden ihre auffällige Gestalt jährlich neu aufbauen und sehen erst im Hochsommer wieder besonders wirkungsvoll aus. Solitärstauden beeindrucken durch ihre Größe, haben eine lang anhaltende Vegetationsperiode

Foto: shutterstock.com/yomoyo@

Blütenteppich aus Blaukissen.

und eine hohe Lebenserwartung. In flächigen Pflanzungen werden sie zu Leitstauden und locker in die Pflanzung eingestreut. In der Verwendung scheiden früh einziehende Formen und kurzlebige Varianten aus. Die Größe der Pflanzen als Auswahlkriterium hängt stark von der Größe der Pflanzfläche ab. Was in einem winzigen Innenhof bereits als Solitär wirkt, kann in einem ausgedehnten Beet bedeutungslos sein. Prächtige Blüten, Blatttexturen und Blattfärbungen sowie ein klar abgegrenzter, mehr oder weniger dicht geschlossener Horst sind weitere wichtige Parameter. Standschwache und wuchernde Typen scheiden aus.

Begleitstauden In harmonierender Blütenfarbe und Wuchshöhe werden Begleitstauden in kleineren oder größeren Trupps den Solitärstauden zur Seite gestellt. Sie sind nicht die Hauptakteure, unterstützen aber die Rolle der Solitärstauden. Als Begleitstauden dienen Arten, die zu Gruppen von je 3–10 Pflanzen gesetzt werden. seien Kaukasus-Vergissmeinnicht (*Brunnera macrophylla*) und Purpur-Sonnenhut (*Echinacea purpurea*) genannt.

Füllstauden Auf die verbleibenden freien Flächen werden Bodendecker oder Füllstauden wie *Potentilla aurea* und Thymusarten gesetzt, die von den Solitär- beziehungsweise Begleitstauden nach einigen Vegetationsperioden überwachsen und somit verdrängt werden. Füllstauden werden in größeren Gruppen zur Bedeckung des Bodens gepflanzt.

Stauden werden am besten erst im Frühjahr geschnitten.

Schnitt von Stauden

Als wichtige Pflegemaßnahme werden im Frühjahr vor dem Austrieb die abgestorbenen Blätter und Blütenstände von Stauden entfernt, um der Pflanze den Neuaustrieb zu erleichtern. Daneben gibt es 4 weitere Schnittarten, die die Stauden das ganze Jahr über ins rechte Licht rücken.

Der Remontierschnitt

Beim Remontierschnitt werden die Stauden 10–15 Zentimeter über dem Boden abgeschnitten (Totalrückschnitt). Falls eine Blattrosette vorhanden ist, wird diese belassen, krankes Laub sollte allerdings entfernt werden. Die ausgewählten Pflanzen aktivieren ihre Adventivknospen, bestocken neu und ein zweiter Flor wird erreicht. Eine organische Nachdüngung und gegebenenfalls Bewässern werden empfohlen.

Geschnitten wird nach Möglichkeit während des Abblühens, spätestens aber, wenn die Pflanze ganz verblüht ist, um Samenbildung und somit Selbstaussaat zu vermeiden. Der Remontierschnitt wird zum Beispiel bei *Salvia nemorosa* oder *Alchemilla mollis* durchgeführt.

Der Nachblütenschnitt

Dieser Schnitt ist bei manchen Stauden notwendig, um eine Selbstaussaat zu unterbinden und somit die Sortenechtheit zu erhalten oder zur Erhöhung der Lebensdauer beizutragen. Bei dem sogenannten Teilrückschnitt werden nur die abgeblühten Blütenstände entfernt, bei einem Totalrückschnitt werden alle Triebe bodennah abgeschnitten und die Pflanze treibt neu aus. Ein zweiter Flor ist allerdings nicht zu erwarten. Der beste Zeitpunkt des Nachblütenschnitts ist direkt beim Verblühen. Bei Phlox und Paeonia wird dieser Schnitt beispielsweise durchgeführt.

Das Ausschneiden

Das Ausschneiden von abgeblühten Blütenständen ist zwar sehr zeitaufwendig, wird aber mit einem verlängerten Flor, teilweise bis in den Oktober hinein, belohnt. Die Schnittmaßnahme regt die Seitenknospen zum Durchtreiben und zur Blütenbildung an. Der beste Zeitpunkt des Ausschneidens ist gekommen, wenn die Blüten im Abblühen sind. Beispiele sind *Echinacea purpurea, Helenium, Heliopsis, Hemerocallis, Veronica, Scabiosa*.

Der Vorblütenschnitt

Durch das Einkürzen der knospenden Triebe wird eine erhöhte Standfestigkeit und bessere Verzweigung, aber auch eine Verzögerung der Blüte um 10–20 Tage erzielt. Der beste Zeitpunkt ist vor der Blüte, meist Ende Juni bei Herbstblühern, bei Sommerblühern entsprechend früher, bevor die Knospen in starkes Wachstum übergehen. Beispiele sind *Helenium, Rudbeckia nitida*.

Warten auf das Staudenbeet

Auch Staudenbeete schließen nicht gleich. Zwar blühen getopft gekaufte Pflanzen sicher im ersten Jahr, doch muss auch dann, wenn Kosten keine Rolle spielen, ein gewisser Mindestabstand eingehalten werden, damit sich die Stauden im Lauf ihrer Entwicklung ausbreiten können. Die anfangs bleibenden Zwischenräume bieten aber allerlei Beikräutern Angriffspunkte. Damit die Beikräuter nicht überhandnehmen, wird Mulch aufgebracht oder es werden Sommerblumen eingesät.

Damit die Stauden sich ungestört ausbreiten können, verwendet man am besten selbstversamende Arten, die allerdings nicht starkwüchsig sein dürfen, da auch Einjährige mitunter Stauden bedrängen und zu Sukzessionsverlierern machen können. Das gilt für hochwüchsige Pflanzen wie Sonnenblume (*Helianthus*), Wunderbaum (*Ricinus*) oder Tithonie (*Tithonia*) genauso wie für dicht- und breitwüchsige wie Besen-Radmelde (*Bassia scoparia*). Je kleiner die Stauden, desto mehr Sommerblumen fallen aus. Bei Polsterstauden und Bodendeckern kommen nur einzelne Arten in Betracht, etwa Lein- und Leinkrautarten (*Linum, Linaria*) sowie Schleierkräuter (*Gypsophila*). Bei selbstversamenden Sommerblumen muss immer die schwächste Staude als Maßstab genommen werden, da Selbstversamer auch durch die Beete wandern und sich mitunter stark ausbreiten. Das ist z. B. beim Lungenkraut der Fall. Es ist zwar schön, wenn die im Frühling blühende Staude Farbtupfer setzt, sie kann schwächere Stauden aber durchaus bedrängen.

Foto: NiG/Gundacker

Eine gemörtelte Mauer bietet keinen Lebensraum für die Pflanzen- und Tierwelt.

Trockensteinmauern

Speziell im Naturgarten schaffen Steinmauern mit ihrer besonderen Ausstrahlung charaktervolle Strukturierungen und bieten zusätzliche Möglichkeiten für die Sicherung der Artenvielfalt, da die einzelnen Zonen der Mauer den speziellen Anforderungen zahlreicher Nützlinge gerecht werden. Je nach Lage, Bau und Ausrichtung zur Sonne können diese Lebensräume sehr unterschiedlich besiedelt und genutzt werden.

Die Planung

Die Planung des Gartens und somit auch die Ausrichtung etwaiger Steinmauern orientieren sich an der Hangneigung und den Bedürfnissen der Hausbewohner. Die Nivellierungen eines Hanggartens sind entsprechend der zukünftigen Nutzung gemeinsam mit dem Wohnhaus zu planen. Je kleiner ein Garten ist, desto entscheidender ist es, in dieser Planung auch die Wege zu den einzelnen Gartenbereichen festzulegen. Es ist

Foto: NiG/Haiden

Trockensteinmauer mit Bewuchs.

wichtig, sich sowohl über die zukünftige Bodenlast als auch die Wahl des Bodenbelags Gedanken zu machen. Es liegt dabei in der Natur der Sache, dass häufig genutzte Gartenräume, wie der Autoabstellplatz oder der Wohngarten an der Terrasse, breiter erschlossen und besser befestigt sind als ein ruhiger Sitzplatz für wenige Personen in der hintersten Ecke des Gartens. Sowohl die Nutzungsart als auch die Nutzungshäufigkeit entscheiden darüber, wie Steinmauern, Treppen und das dazugehörige Wegenetz auf einem geneigten Grundstück ausgeführt werden müssen.

Das Baumaterial

Vorzugsweise werden für traditionelle Trockenmauern nur Natursteine verwendet, die in der Region vorkommen. Entweder können Lesesteine aus dem Umfeld oder Material aus dem Steinbruch eingesetzt werden. Für den Fall importierter Natursteine sollte beim jeweiligen

Steinhändler unbedingt nach einem unabhängigen Gütesiegel gefragt werden. Das XertifiX-Gütesiegel für Naturstein aus Indien oder andere derartige Gütesiegel stellen sicher, dass importierte Natursteine ohne Kinder- und Sklaven-arbeit gewonnen wurden. Oftmals bieten auch Hausabbrüche eine gute Gelegenheit, sich kostengünstig mit Natursteinen zur versorgen. Da diese Mauern im Regelfall ohne Zement verarbeitet wurden, lassen sie sich meistens auch reinigen.

Folgende Steintypen werden in der Praxis für die Errichtung von Trockensteinmauern verwendet:

Granit zählt zu den Hartgesteinen und setzt sich aus Feldspat, Quarz und Glimmer zusammen. Aufgrund der extremen Härte wird Granit vorwiegend zur Pflasterung verwendet. Besonders gut ist Granit als Mauerstein geeignet, wenn dieser aus länglich gebrochenen Stücken besteht.

Gneis wird ebenfalls zu den Hartgesteinen gezählt, hat aber einen erhöhten Glimmeranteil. Durch diese Zusammensetzung ist Gneis deutlich besser spaltbar und somit als Mauerstein sehr gut geeignet. In Plattenform kann er aber auch für die Auslegung von Plätzen und Wegen verwendet werden.

Granulit ist glimmerfreier Gneis und daher extrem hart. Er lässt sich nur sehr schwer bearbeiten oder spalten. Da sich dieser Stein von Hand nicht bearbeiten lässt, sollte bei der Bestellung ein entsprechender Mengenzuschlag berücksichtigt werden. Die Druckfestigkeit und Wetterbeständigkeit sind allerdings ausgezeichnet.

Besonders bewährt hat sich ...

... die Steine rückenschonend aus den Knien heraus zu heben. Denken Sie auch an passende Schutzkleidung wie Handschuhe, Schutzbrille und Stahlkappenschuhe, um Arbeitsunfällen vorzubeugen.

Kalkstein zählt zu den Weichsteinen und ist daher sehr leicht zu bearbeiten. Als natürlicher Bruch ist das Format bei Kalkstein eher rundlich und daher für einen lagerhaften Einbau etwas schwierig. Durch dieses Format entsteht bei der Verlegung ein eher unruhiges Fugenbild.

Sandstein besteht aus Sanden, die mithilfe von Bindemitteln wie Ton, Kalk oder Kieselsäure verfestigt wurden. Sandstein ist meist sehr leicht zu gewinnen und zu bearbeiten. Durch Witterung und chemische Einflüsse ist er jedoch rascher von Zerfall bedroht als die übrigen Mauersteine.

Je anspruchsvoller und exakter die Trockensteinmauer sein soll, umso wichtiger ist es, möglichst regelmäßige Steine zur Verfügung zu haben. Berücksichtigt werden müssen außerdem die Größe und das damit zu verarbeitende Gewicht. Bei Handverlegung sollten die Mauersteine nicht schwerer als 50 Kilogramm sein, denn bei allen Arbeiten im Garten sollten Sie immer auch an Ihren Rücken denken.

Die Größe der Mauer

Bei der Trockenbauweise werden die zu verarbeitenden Steine ohne Bindemittel aufgeschichtet. Jeder einzelne Stein braucht dabei eine möglichst große Kontaktfläche, damit er wackelfrei auf den darunterliegenden Steinen ruht. Nur die Haftreibung durch seine raue Oberfläche und das eigene Gewicht sowie das Gewicht der darüberliegenden Steinschichten sorgen für die geforderte Formstabilität des Bauwerks. Die Dauerhaftigkeit und Stabilität einer Trockenmauer hängen außerdem noch von einigen weiteren bauseitigen Maßnahmen ab, die unbedingt zu berücksichtigen sind:

- Mauern bis zu einer Höhe von 150 Zentimetern können im Eigenbau gut errichtet werden.
- Für höhere Bauten sollten unbedingt Fachkräfte hinzugezogen werden, um hinsichtlich Untergrund, Hangdruck, Wasserdruck und der daraus resultierenden Statik auf Nummer sicher zu gehen.
- Grundsätzlich beträgt die Stärke einer Trockenmauer ein Drittel der gesamten Mauerhöhe (z. B. 40 cm : 120 cm).
- Wie jedes andere Bauwerk sollte auch eine Trockenmauer auf einem entsprechenden Fundament ruhen. Bei selbst gebauten Mauern reicht ein mit Schotter befüllter Fundamentstreifen aus, der mindestens 30 Zentimeter tief ausgegraben und in entsprechender Breite des Mauerfußes ausgeführt wird. Zur Befüllung für den Fundamentstreifen eignet sich Schotter mit einer Körnung 0–32 mm oder 0–45 mm. So kann Wasser versickern und staut sich nicht am Mauerfuß.
- Um die Stabilität der Mauerschichtung zu gewährleisten, werden Trockenmauern nicht senkrecht gebaut, sondern neigen sich mit 5–15 Prozent zum Hang hin. Je stärker diese Neigung (Dossierung oder Anlauf) ist, desto besser wird der Hangdruck in den Untergrund abgeleitet. Außerdem hat dies auch den Vorteil, dass sich Pflanzen in Mauern besser entwickeln können. Die Neigung kann bewerkstelligt werden, indem die einzelnen Steine leicht nach hinten gekippt eingebaut werden oder indem man eine schräge Steinseite als Schicht verwendet.
- Bevor Sie mit dem Bau der Mauer beginnen, sollten Sie die Steine ihren Aufgaben entsprechend sortieren:
- **Fundamentsteine** sind sehr große, teilweise auch unförmige Steine, die höhenausgleichend als Grundreihe in den Fundamentschotter gesetzt werden können. Sie tragen das Gewicht der gesamten Mauer. Bei Mauern, die an sehr feuchten Standorten errichtet werden, kann der zusätzliche Einbau eines Dränagerohrs auf Höhe des Fundaments durchaus hilfreich sein.
- **Läufer** sind die „nomalen" Mauersteine mit einer glatten Vorderseite und einer möglichst geraden Auflage. Diese Steine werden grundsätzlich längs zum Mauerverlauf verlegt und sollten mindestens ein Drittel der Mauerstärke ausmachen.
- Je ein **Binder** wird pro Laufmeter zwischen die Läufer gesetzt. Binder haben eine „schöne" Schmalseite und werden quer zum Mauerverlauf eingebaut. Sie binden das Mauerwerk besser an den Hang und sorgen so für zusätzliche Stabilität.

Beim Vermauern jeder einzelnen Steinlage wird ein möglichst ebener Lagenabschluss benötigt, denn nur durch eine gerade Oberkante werden die Lagerfugen eng gehalten. Zusätzlich kann die

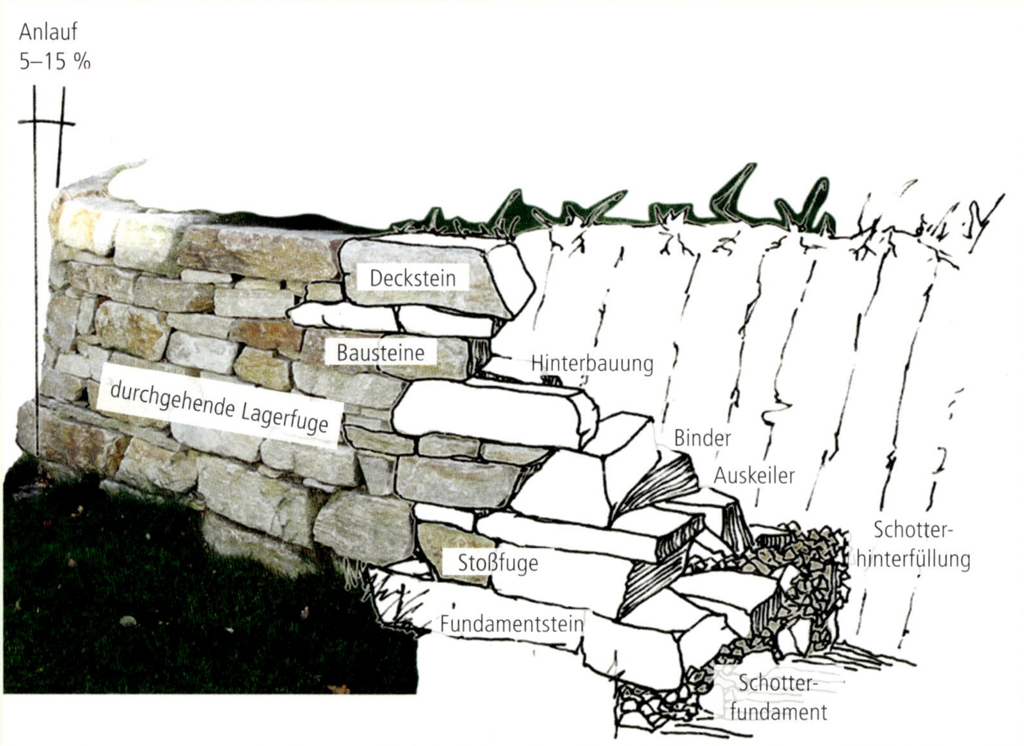

So sollte eine Trockensteinmauer verlegt werden.

darauffolgende Steinlage auch besser im richtigen Versatz zur vorigen Lage aufgeschichtet werden. Der Versatz sollte mindestens ein Drittel der gesamten Steinlänge betragen, das heißt, 1 Stein ruht auf 2 darunterliegenden Steinen. Die seitlich aneinanderliegenden Steine sollten sich auf möglichst großer Fläche berühren, um sich so mit erhöhter Haftreibung gegenseitig zu halten. Außerdem werden damit die Stoßfugen enger und das Gesamtbild der Mauer harmonischer.

Hinterbauung und Abschlussreihe

Einzelne Hohlräume zwischen den Steinen werden mit kleineren Bruchsteinen aufgefüllt oder mit kleinen Steinplättchen aufgepolstert. Wenn möglich führt man diese Auskeilung von hinten aus. Werden die Steinkeile von vorn in die Fugen gesteckt, fallen sie sehr leicht wieder heraus. Derartige kleine Füllsteine werden außerdem auch zur Hinterbauung der gesamten Mauer benötigt. Diese wasserdurchlässige Hinterfüllung ist notwendig, um das Bauwerk langfristig vor Ausbauchung, Wasserdruck und Frostaufbruch zu schützen. Je nach Materialwahl fehlen womöglich gerade die Steine für Auskeilung und Hinterbauung. Mit gebrochenem Gleisschotter oder grobem Grädermaterial können Sie sich aushelfen, zumal die Kosten für gebrochenes Steinmaterial günstiger sind als für vorsortierte Mauersteine.

Vegetation für sonnige Mauern

Arends-Steinbrech, Bergsteinkraut, Blaukissen, Cambridge-Storchenschnabel, Echter Salbei, Felsen-Schleifenblume, Felsensteinkraut, Frühlings-Fingerkraut, Garten-Thymian, Hauswurz, Immergrünes Felsenblümchen, Kaukasus-Leimkraut, Kriechgipskraut, Mauerpfeffer, Pfingstnelke, Schaumkresse, Steinbrechfelsennelke, Steppenschleier, Sternpolsterglockenblume, Wacholdergrasnelke, Zwergglockenblume

Für die Abschlussreihe werden sogenannte Decksteine – möglichst großflächige und dicke Platten – verwendet. Die Steinplatten beschweren mit ihrem Gewicht das gesamte Mauergefüge und halten auch besser etwaigen Belastungen wie Begehung und Oberflächenwasser stand. Der Abschluss der Steinmauer muss aber nicht gerade verlaufen, sondern kann auch treppenartig ausgeführt werden. Oft passt sich die Steinmauer so besser an das natürliche Gelände an.

Die Vegetation

Eine Trockensteinmauer ist ein besonders wertvolles Naturgartenelement. Bereits beim Verlegen der Steine können bewusst Fugen mit Erdanschluss in den Hang geschaffen und mit passender Vegetation bepflanzt werden. Eine Bepflanzung der Mauerkrone direkt hinter den Decksteinen lockert die oft geraden Linien sehr gut auf. Als Pflanzen kommen vor allem heimische Arten infrage, die mit magerem Substrat und Trockenheit gut zurechtkommen.

Bereits nach kurzer Zeit wird sich eine Vielzahl an Tierarten einstellen und die unterschiedlichen Mikrobiotope der Trockensteinmauer vom Mauerfuß bis zur Mauerkrone besiedeln.

Vegetation für halbschattige und schattige Mauern

Braunstiel-Streifenfarn, Dalmatiner-Glockenblume, Efeu-Gundermann, Fiederpolster, Gelber Scheinlärchensporn, Hängepolster-Glockenblume, Mauer-Zimbelkraut, Schatten-Steinbrech, Steinbrech, Wald-Scheinmohn

Teiche im naturnahen Garten

Wasser, stehend wie fließend, ist seit dem Barock ein wichtiges Gestaltungselement in Gärten. Damals wurden diese noch in geometrischer Form, „unbelebt" in vegetationsfreien Becken oder als Springbrunnen angelegt. Auch in Landschaftsgärten englischer Prägung spielen noch heute Wasserlandschaften – hier in naturähnlicher Ausformung – eine wichtige Rolle. Im naturnah angelegten Garten spielen Teiche als eigene Biotope eine besondere Rolle. Die Anlage sollte gut durchdacht und geplant werden.

Gartenteiche können in sehr kurzer Zeit eine große Artenvielfalt in den Garten locken – wenn

Illustration: Monika Biermaier

Ein klassischer Gartenteich mit Fischen, Seerosen und wenig Bewuchs im Randbereich.

man das zulässt. Die Hauptfeinde dieser Artenvielfalt sind die Maßnahmen, die wir setzen, um unangenehme Erscheinungen – Gelsen beziehungsweise Stechmücken und Algen – zu minimieren. Fische und Filter sind die Problemstellen im Teich. Aber auch Teichfolien können schädlich sein, nämlich dann, wenn sie aus PVC sind. Die Weichmacher darin schädigen nämlich auch Teichorganismen. Da es bei solchen Folien außerdem keinen Grundwasserkontakt gibt, wird im Winter eine Belüftung nötig, die durch Wasserpflanzen mit winterlichem Wachstum gegeben ist: Wasserstern, Ähriges Tausendblatt und Glänzendes Laichkraut sind empfehlenswert.

Meist werden aus Angst vor einer Stechmückenplage Fische ausgesetzt, die aufgrund ihrer Fraß- und Wühltätigkeit und Ausscheidungen aber schnell zum Problem werden. Sofern der Teich nicht überdüngt und das biologische Gleichgewicht massiv gestört ist, etwa durch Ablassen von mehr als einem Drittel des Teichwassers und anschließender Wiederbefüllung, werden Gelsen höchstens im ersten Sommer lästig. Sie lassen sich am einfachsten vermeiden, indem man gleich bei der Teichanlage Plankton aus anderen Teichen einbringt, da Stechmücken der Gattung *Culex* keine Konkurrenz ertragen.

Algen sind immer ein Zeichen von Nährstoffüberschüssen. Um einen ökologisch wertvollen Teich ohne Gelsenbrutstätte oder Algenbrühe zu erhalten, müssen Sie einige Punkte beachten:

Illustration: Monika Biermaier

Vielfältig angelegter Naturteich.

- Verwenden Sie niemals Erde im Teich, nur Schotter oder Sand, da in der Erde zu viele Nährstoffe enthalten sind.
- Setzen Sie sofort nach Einlassen des Wassers Plankton aus anderen Teichen ein. Ist keiner in der Nähe, dann kaufen Sie Wasserflöhe und Hüpferlinge in der nächsten Tierhandlung.
- Ein Teich allein genügt nicht, um beispielsweise Amphibien eine Heimat zu bieten. Die Tiere brauchen auch außerhalb des Wassers Lebensraum und vor allem Überwinterungsmöglichkeiten (Kompost- und Totholzhaufen, Laub, Trockensteinmauern, lockere Erde).
- Verzichten Sie auf Fische, vor allem in kleinen Teichen. Für große Naturteiche gibt es ökologisch passende Arten, z. B. der gefährdete Bitterling, Gründling und Hundsfisch, Marmorgrundel und Moderlieschen. In großen Teichen ab 25 Quadratmeter fühlen sich auch Laube und Sichling wohl. Informieren Sie sich bei Fachleuten und verzichten Sie auf jegliche Zufütterung.
- Chemikalien wie Pflanzenschutzmittel oder Dünger, aber auch biologische Pflanzenschutzmittel, wie Neem oder Pyrethrum, haben in und an Teichen nichts zu suchen.
- Durch temporäre Laubschutznetze lässt sich der herbstliche Laubeintrag deutlich reduzieren.
- Vermeiden Sie Einschwemmungen durch Starkregenereignisse durch eine umsichtige Geländegestaltung.

Foto: NiG/Herbst

Auch für Kinder sind Teiche wertvoll. Sie entdecken und lernen hier viel über die Natur.

Die Wasserqualität

Nährstoffe sind im Teich üblicherweise in Lebewesen und im Schlamm gebunden. Da Wasser bei 4 Grad am schwersten ist, kommt es im Frühjahr und im Herbst zu einer Umwälzung. Oberflächenwasser, das im Herbst auf 4 Grad abkühlt oder sich im Frühjahr auf 4 Grad erwärmt, sinkt ab und drängt leichteres Wasser nach oben. Es nimmt auch Nährstoffe aus schlammnahen Zonen mit. Dadurch sind rasch viele Nährstoffe verfügbar, die zu kurzfristiger Wassertrübung führen, doch nach ein paar Wochen verschwindet die Trübung wieder. Bei Schwimmteichen ist das etwas anders, denn hier sollte keine Schlammschicht am Teichgrund entwickelt sein. Die Trübungsphasen zum Jahreszeitenwechsel dürfen nur gering sein.

Bleibende Wassertrübung oder die Wassertrübung ablösendes Algenwachstum können neben einem generell zu hohen Nährstoffniveau durch im Schlamm wühlende Tiere – meist Fische – bedingt sein, durch dauernde Wasserumwälzung, z. B. bei einem Bachlauf, Filter oder einer Fontäne, oder durch Nährstoffeintrag von außen. Besonders bei der Fütterung von Fischen gelangen Nährstoffe in den Teich, sie werden aber auch bei Regen eingeschwemmt oder durch Düngung beziehungsweise Verdriftung. Wassertrübung und Algen sind nicht unbedingt ein Zeichen schlechter Wasserqualität, sondern erst einmal nur ein Schönheitsfehler. Denn beides setzt ja die Nährstoffe fest. Erst ein starkes Überangebot an Nährstoffen lässt eine Vermehrung schädlicher Mikroben zu.

Nährstofffestsetzung in Natur- und Schwimmteichen

In naturnahen Teichen ohne Technik werden Nährstoffe durch Wasserpflanzen und Plankton festgesetzt. Die Unterscheidung zwischen Sumpf- und Wasserpflanzen ist dabei nicht ganz

Foto: NiG/Haiden

An Teichen etabliert sich schnell eine vielfältige Vegetation.

einfach. Sumpfpflanzen, wie Binsen und Rohrkolben, entnehmen die Nährstoffe dem Substrat. Damit das auch funktioniert, müssen die Nährstoffe aber erst einmal im Schlamm festgesetzt werden. Das passiert durch Mikroben (Biofilm) und absterbende Organismen, z. B. Plankton und Algen, aus denen Schlamm entsteht. Sumpfpflanzen entziehen dann die durch Remineralisierung im Substrat entstehenden Nährstoffe. Der gängige Begriff „submers lebende Makrophyten" umfasst übrigens alle mit dem bloßen Auge erkennbaren, untergetaucht lebenden Pflanzen; welche sich in einem Teich etablieren.

Effizient im direkten Einfangen gelöster Nährstoffe sind höhere Wasserpflanzen (Makrophyten) wie Hornblatt, Tausendblatt, Laichkraut, Wasserhahnenfuß, Wasserstern, Wasserschlauch. Diese Pflanzen entnehmen Nährstoffe direkt aus dem Wasser, die Wurzeln dienen vorwiegend der Verankerung. Auch sie sollten im Sommer zur Nährstoffentnahme geerntet und kompostiert werden. Einige Arten wachsen auch im Winter, wo sie unter dem Eis Sauerstoff produzieren können.

Und schließlich ist es auch das Plankton, das Nährstoffe bindet. Planktonalgen bilden die Basis, Wasserflöhe klären das Wasser und sind selbst bevorzugte Opfer fleischfressender Organismen. Ihre Leichen bilden Schlamm.

Achtung, das bitte nicht!

Sumpfpflanzen im Herbst und Winter zurückzuschneiden ist bezüglich der Nährstoffreduktion im Teich nicht sinnvoll. Bereits Ende August wandern die Nährstoffe nämlich schon in Rhizome und Wurzeln. Zum effizienten Nährstoffentzug schneidet man von Juli bis Anfang August.

Foto: NiG/Stifter

Krebsschere (*Stratiotes aloides*) und dazwischen blühender Froschbiss (*Hydrocharis morsus-ranae*).

Keine Chance für Algen

Algen sind in der Regel konkurrenzschwächer als Wasserpflanzen. Sie leben von dem, was Wasserpflanzen übrig lassen, sei es, dass durch Überdüngung zu viele Nährstoffe vorhanden sind oder dass die Wasserpflanzen sie wegen unpassender Lichtverhältnisse, falscher Beleuchtung, CO_2-Mangels oder aus anderen Gründen nicht umsetzen können. Ein großer Vorteil von Algen ist die Fähigkeit, auch unter für Wasserpflanzen ungünstigem Licht gut zu wachsen. Auch der Temperaturbereich, in dem sie wachsen können, ist breiter. Sie sind sehr gut an so manch widrige Umstände angepasst!

Die Bekämpfung von Algen kann unter viererlei Gesichtspunkten geschehen:

- Nährstoffüberschüsse vermeiden
- Sekundärursachenbekämpfung: Optimale Bedingungen für Wasserpflanzen schaffen
- Fraßfeinde einsetzen: Schnecken und Krebse (und nur unter geeigneten Bedingungen algenfressende Fische)
- Symptombekämpfung: Schlechte Bedingungen für Algen schaffen, z. B. durch die Ansäuerung des Gewässers

Nährstoffüberschüsse und ihre Vermeidung

Gründe für einen Nährstoffüberschuss	Vermeidung
Stoffeintrag durch Fischfütterung, Laubfall, Pollenflug, Düngung in Teichnähe mit anschließender Verwehung und Verschwemmung.	Den Stoffeintrag insgesamt vermeiden; Effektive Mikroorganismen wirken in Teichen oft ungünstig, sie führen durch Phosphatanreicherung vom Grünalgen- zum Blaualgenproblem; Laubeintrag durch Laubschutznetze verhindern.
Starkregen.	Ein Teich muss auch bei Starkregen davor geschützt sein, dass Wasser von den umliegenden Bereichen eingeschwemmt wird, Sickermulden reichen im Ernstfall nicht. Der Randabschluss des Teichs muss mindestens 10 Zentimeter über dem Niveau der Umgebung liegen, leicht abschüssige Teichumgebung ist von Vorteil.
Fehlen von Unterwasserpflanzen; oft werden nur Sumpfpflanzen und Seerosen gepflanzt, die jedoch keine mineralischen Nährstoffe aus dem Wasserkörper aufnehmen.	Unterwasserpflanzen einbringen. Je feinblättriger sie sind, umso geringer ist der aus dem Substrat und umso höher ist der aus dem Wasser aufgenommene Nährstoffanteil. Empfehlenswert sind Hornblatt, Wasserschlauch, Tausendblatt, Wasserhahnenfuß.
Bei zu starker Sonneneinstrahlung geht der CO_2-Gehalt im Wasser gegen 0. Damit stockt das Pflanzenwachstum. Zusätzlich lassen hohe Temperaturen Pflanzenteile absterben beziehungsweise blockieren direkt die Nährstoffaufnahme.	Den Teich beschatten. Eine Schwimmblattdecke beschattet und liefert Verdunstungskälte. Karbonathärte (Kalkgehalt) überprüfen und gegebenenfalls erhöhen (Karbonat bindet CO_2) – karbonatbindende Makrophyten (z. B. *Potamogeton lucens*, *P. crispum*, Armleuchteralgen) können das CO_2 aus dem Karbonatpuffer aufnehmen.
Werden Filter abgedreht oder schlecht durchströmt oder sind zu alt (verstopft), so kommt es nach Verbrauch des Sauerstoffs (spätestens nach einigen Stunden Abdrehen) zu anaerobem Abbau. Der dabei entstehende Mineraldünger wird aus dem Filter ausgeschwemmt bzw. diffundiert heraus. Neben remineralisierten Nährstoffen sind auch Methan (treibt Sauerstoff und CO_2 aus) und giftige Schwefelverbindungen (etwa Schwefelwasserstoff) zu erwarten.	Filter säubern oder erneuern. Am besten ist es jedoch, auf eine andere Teichklasse umzustellen und ganz auf Filtertechnik zu verzichten.

Foto: NiG/Brocks

Ameisen verschleppen die Samen des Hohlen Lerchensporns und tragen so zu seiner Verbreitung bei.

Pflanzen, die allein kommen

Es ist ein klassischer Irrtum zu glauben, Pflanzen wüchsen dort, wohin ihre Samen gelangen. Die verschiedensten Standorte sind voller Samen unterschiedlichster Pflanzen, was dort aber tatsächlich wächst, hängt von ganz anderen Faktoren ab: von Bodenbeschaffenheit, Nährstoffgehalt, Wasserversorgung, Licht, Klima … und nicht zuletzt von der Konkurrenzsituation und der Bewirtschaftung der Fläche. Man kann etwa Samen von Blauglockenbaum und Gelbem Lerchensporn in Lehmboden aussäen, so viel man will, sie werden dort nicht einmal keimen. Sie keimen nur in Schotter und Mauerritzen und wo genug Sauerstoff hinkommt. Keimt eine Pflanze, so muss sie dem Klima, Boden, Wasserhaushalt und Lichtregime gewachsen sein. Sind noch andere Pflanzen vorhanden, so muss sie die Konkurrenz aushalten.

Was keimt denn da?!

Was keimt, muss nicht erst mit Wind und Vögeln oder an Schuhsohlen in den Garten gekommen sein. Um ungünstige Zeiten zu überdauern, können Samen vieler, vor allem einjähriger Arten jahrzehntelang, manche gar Jahrhunderte, im Boden überdauern. Gräbt man ein Stück Rasen im Garten um, so kann man die Landnutzung früherer Jahrzehnte mitunter erkennen: Mohn, Ackerrittersporn, Kornblume und andere Ackerpflanzen weisen auf Getreideanbau hin. Spring-Wolfsmilch, Tagblume (*Commelina*), Hainblume, Persischer Knöterich und andere vergessene Zierpflanzen künden von früherer Nutzung als Blumenbeet. Einjährige Ehrenpreisarten, Purpur-Taubnessel, Vogelmiere, Wolfsmilcharten und andere stammen aus Gemüsebeeten (oft zusammen mit Dill oder Schlafmohn) und Weingärten, in Verbindung mit Ackerblumen auch aus dem Acker.

Foto: NiG/Haiden

Es ist erstaunlich, wie viel Durchsetzungsvermögen so manche Pflanzenart hat, wie z. B. der Löwenzahn.

Gänsefuß, Melde, Fuchsschwanz, Stechapfel & Co. sind nicht so einfach zu deuten. Sie wachsen auf Brachen, Misthaufen, Baustellen, in Rübenäckern und Gemüsebeeten, auf allen nährstoffreichen, im Sommer offenen und bis Herbst kaum bearbeiteten Böden. Zu ihnen gehören die am längsten überdauernden Samen im Boden, die an der warmen Oberfläche rasch keimen, wenn keine anderen Pflanzen dort wurzeln.

Spontane Vegetation im Garten kann also vielseitig sein. Wie sie sich weiterentwickelt, hängt stark von den Eingriffen der Menschen ab. Und diese Eingriffe richten sich wiederum erheblich nach der Art der Nutzung, etwa als Gemüsebeet, Rasen oder Zierbeet.

Auch ästhetische Fragen spielen eine Rolle, z. B. ob der Garten „ordentlich" sein soll oder naturbelassen aussehen darf, wie viel Konkurrenz zu anderen Pflanzen toleriert wird – wie viele Beikräuter ertragen die Gemüsepflanzen ohne Ernteeinbuße? Und schließlich spielt auch die Erhaltung und Sicherheit von Bausubstanz mit hinein, wenn es darum geht, welche Pflanzen sich wild im Garten etablieren. Wächst als Pflaster- und Mauerritzenvegetation Gelber Lerchensporn, so kann man ihn getrost gewähren lassen. Der Blauglockenbaum wird hier allerdings sein Zerstörungswerk verrichten, er wird bis 20 Meter hoch mit entsprechendem Stamm und Wurzelsystem.

Die guten Seiten der Spontanvegetation

Gerade im Gemüsebau beginnen wir zu verstehen, dass eine niedrig gehaltene, der Kultur angepasste Beikrautbedeckung durchaus positive Effekte haben kann und den Boden besser schützt als jede Mulchschicht. Auch der Schädlingsbefall bleibt dadurch oft geringer. Blattläuse an Wildpflanzen können Blattlausfressern als Brutstätte dienen.

Foto: shutterstock.com/Verkhovynets Taras

Ehrenpreisarten sind bei verschiedenen Insekten beliebt.

Die meisten Blattlausarten sind an bestimmte Verwandtschaftsgruppen von Pflanzen gebunden und können nicht auf Kulturpflanzen wechseln. Das gilt auch für die meisten anderen Schädlinge. Ein wildes Eck mit Brennnesseln ist gut für Brennnesselspinat und für die zur Jauchenproduktion. Wachsen die Brennnesseln am Gartenzaun oder an der Mauer als Kleingruppe oder in einer Reihe, wo man sie mit dem Mäher nicht erfasst, werden sie von Schmetterlingen außerdem gern mit Eiern belegt.

Spontanvegetation bietet auch wunderschöne Blüten. Manche davon dienen als zusätzliche Nahrung für die Bestäuber unserer Kulturpflanzen. Andere werden von speziellen Arten bestäubt, die an den Kulturpflanzen sonst verhungern würden. Wieder andere bieten Bestäubern Nahrung, deren Larven etwa Blattläuse fressen. Blüten, die ihren Nektar völlig offen präsentieren, werden von einer Vielzahl an Bestäubern besucht, darunter vielen Nützlingen wie Schwebfliegen, Florfliegen, Schlupfwespen, ja sogar Marienkäfern. Diese Blüten sind im Pflanzenreich nicht allzu häufig. Doldenblütler wie Dill, Fenchel, Petersilie, Kerbel, Koriander, Karotte und Wilde Möhre, Wiesenkerbel, Hundspetersilie und Schierling gehören dazu, aber ebenso alle Wolfsmilcharten. Arten mit Blüten, so flach wie ein Spiegel, eine

Foto: fotolia.com/butomus

Das Behaarte Franzosenkraut (*Galinsoga quadriradiata*) ist ein häufig auftretendes Beikraut.

Extremform der Scheibenblüten, locken ausschließlich Fliegen an. Solche Fliegenblumen sind meist farblich wie vom Geruch her für uns nicht attraktiv. Aber es gibt auch bunte, nicht stinkende Blüten dieser Art. Viele einjährige Ehrenpreisarten gehören dazu. Sie werden von Schwebfliegen besucht, die wiederum als Larven Blattläuse fressen.

Unkraut versus Beikraut

Es ist alles eine Frage der persönlichen Definition! Unkräuter sind Pflanzen, die aus menschlicher Sicht stören. Ob es sich um das ästhetische Empfinden dreht oder um eine konkurrierende Beeinträchtigung der vom Menschen kultivierten Pflanzen, ist zweitrangig, die Zuschreibung „Unkraut" liegt im Auge des Betrachters.

Der Begriff Beikräuter hat sich als weniger wertende Bezeichnung eingebürgert. Beikräuter werden als Begleiter unserer Kulturpflanzen definiert, egal ob sie uns dadurch stören oder nicht. Im Naturgarten sind etliche Beikrautarten ausdrücklich willkommen, da sie als lebendige Bodenbedeckung das Bodenleben fördern, die Auswaschung von Nährstoffen und die Wasserverdunstung verringern, ohne dabei die Kulturpflanzen nennenswert zu schwächen. Eingreifen braucht man nämlich nur bei sich stark ausbreitenden Arten.

Spontanvegetation in Gemüsebeeten

Art	Nutzen	Probleme und Besonderheiten
Ackerwinde	Wildbienenfutterpflanze.	Sehr konkurrenzstark,extrem lange Wurzeln gehen bis 2 m Tiefe – sehr schwer durch Jäten zu entfernen (aus jedem kleinen Wurzelstück wächst eine neue Pflanze) überwächst Kulturpflanzen, ist selbst aber kaum Nährstoffkonkurrent, holt sich Nährstoffe aus etwa einem Meter Bodentiefe, lebt von Überdüngung höherer Schichten.
Bingelkraut	Sehr guter Bodenstrukturbildner.	Konkurrenz zu kleinwüchsigeren Pflanzen, schwach giftig.
Ehrenpreis	Spiegelblütige Arten locken Schwebfliegen an, bedecken den Boden, sorgen für Bodenkrümelung, sehr attraktiv.	–
Einjährige Wolfsmilcharten	Bieten Nektar für zahlreiche Blattlausfresser und andere Nützlinge.	Sind keine Konkurrenz im Gemüsebeet, giftig.
Gewöhnliches Greiskraut	Pollenlieferant für Nützlinge.	Konkurrenz gegenüber kleinwüchsigeren Pflanzen, schwach giftig.
Giersch	Während der Blüte für zahlreiche Nützlinge wichtig, im Frühjahr Petersilienersatz.	Starker Nährstoffbedarf, extrem lange Wurzeln – sehr schwer durch Jäten zu entfernen (aus jedem kleinen Wurzelstück wächst eine neue Pflanze). Starke Konkurrenz zu Gemüsepflanzen.
Knopfkraut/ Franzosenkraut	Bodenkrümelbildner, liefert Pollen und Blattläuse für Nützlinge.	Starkes Auftreten zeigt Stickstoffüberdüngung, konkurriert dann mit großen Pflanzen, kann jedoch sehr leicht durch Ausreißen gejätet werden.
Melde	Essbar, Brutplatz für Blattlausfresser.	Enorme Wuchsleistung, direkte und Nährstoffkonkurrenz zu Gemüsepflanzen.
Stinkender Gänsefuß	Gefährdete Art.	Stärkeres Auftreten zeigt Stickstoffüberdüngung, riecht stark.
Tännelkraut	Stark gefährdet, Kleinbienenfutterpflanze, bedeckt den Boden.	–

Art	Nutzen	Probleme und Besonderheiten
Vogelmiere	Lockt Kleinbienen an, bedeckt den Boden, essbar.	Wächst rasch und kann dann für Keimlinge kleiner Kulturpflanzen, z. B. Vogerlsalat, problematisch werden, dringt gern von Beeten und Pflasterbelag aus in Steingärten vor und überwächst Polsterpflanzen; Vogelmiere ist schwach giftig (Gichtanfälle auslösend), wächst auch auf Mauer- und Pflasterritzen.
Weißer Gänsefuß	Essbar, Brutplatz für Blattlausfresser.	Enorme Wuchsleistung, direkte und Nährstoffkonkurrenz für Gemüsepflanzen.

Spontanvegetation im Rasen

Art	Nutzen
Gänseblümchen	Gemüsepflanze, nur für wenige Bestäuber interessant.
Gundermann	Bienen-, Heil- und Würzpflanze (Hauptgewürz der Kelten).
Günsel	Gemüse.
Löwenzahn	Bienenfutterpflanze, Gemüse- und Heilpflanze.
Schafgarbe	Zahlreiche Bestäubergruppen, Heil- und Würzpflanze.
Spitzwegerich	Heilpflanze.

Foto: NiG/Haiden

Im Gemüsegarten ist Mischkultur genauso wichtig wie das Mulchen der Beete.

Vegetation in Pflaster- und Mauerritzen und Mauerfugen

Es gibt eine Reihe von niedrigen, betretbaren Arten, die in Pflasterritzen gedeihen können, weil sie keine Wurzelsprengkraft haben. Dazu zählen z. B. Bruchkraut, Mastkraut, Moose, Quendel, Dreifinger-Steinbrech. Besonders interessant für Schmetterlingsraupen sind schmale Schotterbänder, etwa Sickermulden an Hauswänden, aber auch die Anschlussfuge zwischen Gehsteig und Hausmauer und darin Wachsendes, z. B. Hundskamille, Ruderalkamille, Rauke, Doppelrauke, Mohn, Orant, Flockenblume, Wald-Erdbeere.

In Mauerritzen und Mauerfugen findet man häufig folgende meist „halbwilde" Arten mit geringer Sprengkraft: Schöllkraut, Gelber Lerchensporn, Zimbelkraut, Löwenmaul/Froschgoscherl, Spornblume, aber auch Gehörnter Sauerklee, der aber durch enorme Samenproduktion dann an anderen Stellen, vor allem in Steingärten, Schaden anrichten kann.

Bei spontan wachsenden Pflanzen ist auch eine gewisse Vorsicht angeraten. Mitunter sind invasiv werdende Arten dabei, die durch ihre enorme Wuchsleistung rasch größere Flächen einnehmen und, wenn man nicht sofort handelt, schwer im Zaum zu halten sind. Dazu gehören z. B. „Staudenknöterich", Robinie, Götterbaum, Springkräuter, Kanada- und Riesen-Goldrute, Kamtschatka-Beifuß, diverse Astern, Gehörnter Sauerklee.

Der Gemüsegarten

Wer einmal von den Früchten seines eigenen Gartens gekostet hat, möchte diese bestimmt nicht mehr in seinem Speiseplan missen! Da eine kleine Erdbeere, dort vom Kräuterbeet frischen Schnittlauch, ein rotes saftiges Radieschen – nichts kann frischer und vitaminreicher schmecken als die Ernte aus dem eigenen Garten.

Im Naturgarten ist das Gemüse außerdem viel gesünder, denn hier werden nur organische

Dünger wie etwa Kompost verwendet und die Pflanzen werden auf natürliche Weise gepflegt und geschützt. Biogemüse weist im Schnitt höhere Gehalte an Vitaminen und Mineralstoffen auf. Aber auch der Anteil an bioaktiven Substanzen ist erhöht. Und die sind förderlich für Gesundheit, Leistungsfähigkeit und Wohlbefinden des Menschen.

Damit im Gemüsebeet alles richtig wächst und gedeiht, ist eine durchdachte Planung notwendig. Ein Gemüsegarten kann jederzeit ohne größeren Aufwand integriert werden. Oft ändern sich Lebensgewohnheiten oder -umstände und damit z. B. auch die Zeit, die für die Gartenarbeit zur Verfügung steht. Hat man etwas mehr Zeit zur Verfügung, wird ein Gemüsegarten vergrößert oder entsteht überhaupt erst dort, wo früher nur Wiese war.

Ein Gemüsegarten lebt von seiner bunten Vielfalt. So machen sich Blumen im Gemüsebeet nicht nur schön, sondern locken auch Bestäuberinsekten an. Tagetes und Ringelblumen, wirken z. B. schädlichen Nematoden entgegen.

Einen Gemüsegarten anlegen

Der ideale Platz für den Gemüsegarten ist ein flaches, südseitig gelegenes Fleckchen mit einer Grundschicht aus lockerem, humosem Boden. Schwere, verdichtete Böden müssen vor einer Anlage zuerst gut durchlüftet und gelockert werden.

Der verfügbare Platz und auch die Zeit, die zum Garteln zur Verfügung stehen, spielen eine entscheidende Rolle für die Größe des Gemüsegartens. Ein kleinerer Gemüsegarten von einigen wenigen Quadratmetern findet in jedem Reihenhausgarten oder Vorgarten Platz. Als Faustregel gilt: 20 Quadratmeter pro Person reichen zur Selbstversorgung mit frischem Gemüse. Planen Sie auch gleich Pfade und die Beeteinfassung mit ein. Haus und Komposthaufen sollten nah beieinander liegen. Kompost wird zukünftig die grundlegende Nährstoffversorgung sichern.

Bei der Form der Beete bietet sich viel gestalterischer Spielraum, es muss aber alles praktisch sein. Auch rückenschonende Hoch- oder Hügelbeete sind möglich. Zäune, Hecken oder Sträucher als Umgrenzung schaffen ein windgeschütztes Mikroklima.

Dann muss natürlich noch entschieden werden, welches Gemüse angepflanzt werden soll. Auf den Beeten wachsen die Pflanzen, die man besonders gern isst und die im Garten gut gedeihen. Sie werden nach ihren Wärmebedürfnissen zu bestimmten Zeiten im Frühjahr, Sommer oder Herbst gepflanzt oder gesät und einige Wochen später geerntet. Wählen Sie im Naturgarten vor allem Sorten aus biologischem Anbau aus, die man bei verschiedenen Anbietern, z. B. bei der „Arche Noah" in Schiltern oder bei „Dreschflegel" in Witzenhausen/Deutschland, kaufen kann. Diese Sorten sind ohne Gentechnik gezüchtet, sortenrein und nachbaubar, das heißt, sie produzieren Samen und können selbst vermehrt werden.

Mischkultur – das heilsame Durcheinander

Im naturnah angelegten Gemüsegarten spielt die Mischkultur – das Miteinander von Gemüsearten, Kräutern – eine große Rolle. Dieses Miteinander ist gut für die Pflanzen, die Tiere und auch für den Menschen.

Illustration: Monika Biermaier

In einem Mischkulturbeet unterstützen sich die Pflanzpartner gegenseitig und helfen Schädlinge abzuwehren.

Was sich als bunte Vielfalt präsentiert, ist jedoch eine wohlüberlegte Gartenkultur, bei der einiges von der Natur abgeschaut wurde. In einer Mischkultur wechseln sich mehrere Kulturen in einem Beet ab. Viele Pflanzen fördern sich nämlich gegenseitig im Wachstum. Andere wiederum haben eine krankheits- und schädlingsabwehrende Wirkung und leisten damit einen wichtigen Beitrag zum biologischen Pflanzenschutz. So wehrt die Zwiebel, neben Karotten gesetzt, die Möhrenfliege ab, Kohlgewächse und Sellerie helfen sich gegenseitig gegen Kohlweißlingsbefall und Sellerierost, und der Salat hält den Befall von Erdflöhen an Radieschen gering.

Schon vor Jahrhunderten experimentierten Bäuerinnen und Bauern in ihren Gärten, welche Pflanzen im Beet besonders vorteilhaft miteinander kultiviert werden können. Von Generation zu Generation wurde dieses Wissen weitergegeben. In Bauerngärten ist es seit jeher üblich, Gemüse, Kräuter und Blumen in bunter Mischung zu pflanzen.

Die Pflanzengesundheit fängt beim Boden an. Das schwarze Gold des Gartens – der Kompost – dient der Belebung der Bodenwelt und ist im

Mischkulturgarten nicht wegzudenken, denn ein lebendiger Boden ist der beste Nährboden für gesunde Lebensmittel.

Gertrud Franck, eine Pionierin der Mischkultur, beginnt den Frühling etwa mit einer Spinateinsaat. Der Boden wird durchwurzelt und rasch bedeckt. Eine ähnliche Wirkung haben Gründüngungspflanzen, die als Zwischensaat oder im Herbst und Winter den Boden schützen und zusätzlich mit Nährstoffen versorgen. Zwischen den heranwachsenden Pflanzen wird gemulcht, um die Bodenverhältnisse konstant zu halten. Als Mulchmaterial eignen sich Rasenschnitt, Brennnessel- und Beinwellblätter, Heu und Stroh.

Pflanzen brauchen Platz

Jede Pflanze braucht für ihre Entwicklung ausreichend viel Platz. Das gilt natürlich auch für Gemüse, denn die Ernte soll ja auch entsprechend gut ausfallen. Bei der Planung der Beete können aber die Wuchsformen berücksichtigt werden: Karotte und Zwiebel, Sellerie und Lauch, Salat und Radieschen ergänzen sich durch den unterschiedlichen Wuchstyp sehr gut.

Auch die Wurzeln konkurrieren nicht gern um Wasser und Nährstoffe. Sinnvoll ist es deshalb, Tiefwurzler und Flachwurzler als Pflanzennachbarn zu wählen. Ihre Wurzeln befinden sich in unterschiedlichen Bodenschichten und können so konkurrenzlos die Pflanzen ernähren.

- Tiefwurzler: Bohne, Karotte, Kürbis, Mangold, Paprika, Pastinak, Rote Rübe, Tomate, Weißkraut, Winterendivie, Wirsing
- Flachwurzler: Erbse, Feldsalat, Gurke, Kartoffel, Kohlrabi, Kopfsalat, Mais, Radieschen, Schalotte, Spinat, Zwiebel

Bei der Fruchtfolge wechselt jährlich die Bepflanzung je nach Nährsotffbedarf

Illustration: Monika Biermaier

Fruchtfolge – das sinnvolle Nacheinander

Unter einer Fruchtfolge versteht man den jährlichen Wechsel von Pflanzen, die einen unterschiedlichen Nährstoffbedarf haben. Sie lassen sich in Stark-, Mittel- und Schwachzehrer und zusätzlichen Gründüngungsspflanzungen einteilen. Fruchtfolge wirkt der Bodenermüdung entgegen. Durch den jährlichen Wechsel an Gemüsearten im selben Beet wird einseitiger Nährstoffentzug und auch der Befall mit Pflanzenkrankheiten und Schädlingen vermindert.

Eine Fruchtfolge sollte mit Mischkultur kombiniert werden. Eine kleine Skizze vom Gemüsegarten kann dabei eine Hilfe sein, um sich im nächsten Jahr noch an die Bepflanzung erinnern zu können.

Und so wird's gemacht:

- 4 Beete stehen zur Verfügung, in denen die 4-jährige Abfolge stattfinden kann. An erster Stelle stehen die Gründüngungspflanzen, z. B. Lupine, einjähriger Klee, *Phacelia*, die den Boden verbessern und ihm Nährstoffe zuführen.
- Nach diesem Erholungsjahr für den Boden können die Starkzehrer, z. B. Kürbis, Zucchini, Paradeiser/Tomaten, Mais, Sellerie und Kohlarten angebaut werden.
- Im nächsten Jahr folgen auf diesem Beet die Mittelzehrer, z. B. Karotten, Mangold, Lauch, Zwiebeln, Paprika und Kartoffeln.
- Im vierten Jahr fühlen sich die Schwachzehrer auf dem Beet wohl, z. B. Salat, Buschbohnen, Erbsen, Petersilie und Spinat.

Besonders günstige Pflanzennachbarschaften

Gemüsepflanzen	Besonderheiten
Bohnen und Bohnenkraut	Hält Bohnenläuse fern.
Erdbeeren und Knoblauch	Gegen Pilzkrankheiten und Erdbeermilben.
Karotten mit Zwiebeln oder Porree	Schutz gegen Karotten- und Zwiebelfliege.
Kohl, Sellerie und Paradeiser/Tomaten	Gegen Erdflöhe, Kohleule, Kohlfliege; Paradeiser vertreiben Kohlweißlinge, schützen Sellerie vor Rostkrankheiten.
Dill, Gurken und Salat	Salat schützt vor Erdflöhen, Dill vor Blattläusen.
Gurken, Sellerie, Kohlrabi	Sellerie und Kohlsorten beeinflussen sich positiv durch Wurzelausscheidungen.
Spinat und Kohlrabi	Spinat scheidet Saponin aus – beeinflusst das Wachstum positiv.
Karotten, Radieschen, Erbsen	Erbsen und Karotten fördern sich gegenseitig im Wachstum.
Erdäpfel und Kümmel	Kümmel beeinflusst das Aroma der Erdäpfel günstig.

Gründüngungspflanzen

Name	Aussaat	Wuchsform	Winterhart	Nutzen, Besonderheiten
Bienenfreund (*Phacelia*)	März bis Anfang September	Blütenfarbe: blau Höhe: 40–90 cm Blütezeit: Juni bis September	Nein	Flachwurzler, hervorragende Bienenweide, schnellwüchsig, trockenverträglich.
Gelbsenf	März bis September	Blütenfarbe: gelb Höhe: 30 cm Blütezeit: Juni bis Juli	Nein	Tiefwurzler, schnellwüchsig, gute Boden-abdeckung; nicht vor Kohlgewächsen aussäen.
Inkarnatklee	Ende Juli bis Mitte September	Blütenfarbe: intensiv rot Höhe: 20–50 cm Blütezeit: Mai bis Juni	Teilweise überwinternd	Schnellwüchsig, reichert Stickstoff an, Nahrung für Blütenbesucher.
Lupinen	Je nach Sorte ab Mitte März bis Anfang August	Blütenfarbe: blaue, gelbe oder weiße Sorten Höhe: 80–120 cm Blütezeit: Mai bis Juli, Nachblüte: September	Nein	Tiefwurzler, Ziereffekt, gute Stickstoffanreicherung, wächst nur auf kalkarmen Böden.
Ringelblume	Ab April bis Ende Juni	Blütenfarbe: gelb-orange Höhe: 25–50 cm Blütezeit: Juni bis Oktober	Nein	Flachwurzler, Zier- und Heilpflanze, Nahrung für Blütenbesucher, versamt sich leicht, deshalb rechtzeitig abschneiden.

Die freundlichen Helfer

Kräuter, Blumen und Wildkräuter können in einer Mischkultur nie zu viel werden. Als Randbepflanzungen der Beete, oder auch innerhalb derselben, locken sie viele Nützlinge an, die kostenlos und unproblematisch den Pflanzenschutz erledigen.

Einige wichtige Insekten sind nur als Larven Schädlingsvertilger, z. B. die Schwebfliege und die Florfliege, die sich von Blattläusen ernähren. Die erwachsenen Tiere sind Blütenbesucher. Vor allem Doldenblütler wie Dill, Fenchel, Karotte und Kerbel locken sie in den Garten.

Ein Gemüsegarten in Mischkultur ist bunt und vor allem lebendig. Hier kann gesundes und

Foto: NiG/Haiden

Lupinen sind eine attraktive Gründüngung.

wohlschmeckendes Gemüse heranwachsen – und das auf natürlichem Wege.

Bodenkur mit Gründüngung

Gründüngungspflanzen verbessern den Boden auf vollkommen natürliche Weise. Sie bieten viele Vorteile und sind eine elegante und einfache Möglichkeit, den Boden wieder fit für die nächste Gartensaison zu machen. Im Gemüsegarten wird die Gründüngung, sobald die Beete abgeerntet sind, ausgesät. Das kann im Spätsommer erfolgen, aber auch laufend über den Sommer, sobald die ersten Lücken in den Beeten entstehen.

Durch eine Gründüngung können aber auch teilweise unbelebte oder verdichtete Böden wiederbelebt, gelockert und damit nutzbar gemacht und für spätere Bepflanzungen im Garten, wie etwa für Staudenbeete, gut vorbereitet werden.

Bei den Gründüngungspflanzen handelt es sich um verschiedenste anspruchslose ein- oder mehrjährige Pflanzen, die den Boden tiefgründig lockern und durchlüften. Die Wurzeln locken allerlei nützliche Bodenlebewesen an; Schmetterlingsblütler, wie Klee, Lupinen und Bohnen, sind sogar in der Lage, mithilfe bestimmter Bakterien Stickstoff aus der Luft zu binden und damit den Boden zu düngen. Außerdem werden durch Gründüngung lästige Beikräuter unterdrückt und der Boden vor Verdunstung und Erosion geschützt. Gleich nach der Schneeschmelze können kälteunempfindliche Arten, z. B. Puffbohne, Spinat, als Vorsaat angebaut werden. Niederwüchsige Arten, z. B. Alexandriner- und Perserklee, finden zwischen den Reihen der Hauptkultur Platz, und nach der Gemüseernte wird eine schützende Winterdecke mit Phacelia, Gelbsenf, Vogerlsalat oder Winterwicke angesät.

Die Gründüngungspflanzen bleiben über den Winter stehen, frieren zum Teil ab und werden im Frühling einfach abgeschnitten und oberflächlich in den Boden eingearbeitet oder als Mulchmaterial verwendet.

Foto: shutterstock.com/Tina Rencelj

Ringelblumen sind sehr attraktive Gründüngungspflanzen, die im Winter abfrieren.

Kräuter im Naturgarten

Kräuter sind vielseitig verwendbar und als Gewürz-, Heil- oder Teekräuter eine Bereicherung für jeden Garten. Sie können jederzeit frisch geerntet werden und ihr Duft wirkt nicht nur auf den Menschen positiv. Zahlreiche nützliche Insekten finden in den duftenden Blüten eine wichtige Nahrungsquelle.

Checkliste Kräuteranbau

- Eine Liste der Lieblingskräuter erstellen, damit im Garten kein Kräutlein fehlt.
- Ein Kräuterbeet wird am besten in der Nähe zur Küche angelegt, so sind die Küchen- und Gewürzkräuter immer griffbereit zum Verfeinern der Speisen.
- Die meisten Kräuter brauchen viel Sonne, das Aroma entwickelt sich hier besonders intensiv.
- Wer die jeweiligen Standortansprüche der Kräuter kennt, kann für sie von Anfang an im Garten optimale Bedingungen schaffen.
- Kräuter werden auch gern im Gemüsegarten in Mischkultur angebaut, sie fördern die Gesundheit der Gemüsepflanzen.
- Es können nie genug Kräuter im Garten vorkommen. Auch wenn sie nicht geerntet werden, duften sie herrlich, sind attraktiv und locken Nützlinge an.

Für jedes Kraut der richtige Platz

Kräuter haben unterschiedliche Standortansprüche:

- Die mediterranen Vertreter wie Oregano, Rosmarin, Thymian und Salbei benötigen leichte, sandige Böden. Dazu wird die Gartenerde mit

Foto: shutterstock.com/Katarzyna Mazurowska

Viele Kräuter wie Thymian und Lavendel locken mit ihren duftenden Blüten Nützlinge an.

einem Drittel Quarzsand vermischt. Gestalterisch passen dazu Steine und Splitt.

- Schnittlauch, Petersilie, Liebstöckel, Basilikum, Dill und Majoran brauchen eine etwas nährstoffreichere Erde. Hier wird normale Gartenerde mit etwas Kompost vermischt.
- Einige Kräuter wie Minze wuchern stark und breiten sich mit ihren Wurzeln im Beet aus. Diese Kräuter werden am besten mit Topf, der als sogenannte Wurzelsperre dient, gepflanzt.

Pflege und Ernte von Kräutern

Mediterrane Kräuter vertragen Trockenheit ausgesprochen gut. Sie sollten deshalb nur in längeren Trockenperioden gegossen werden. Alle anderen Kräuter, besonders die mit weichen, saftigen Blättern, verdunsten an heißen Sommertagen mehr und sind dann für einen kräftigen Schluck Wasser dankbar.

Die weitere Pflege gestaltet sich durchaus einfach: ab und zu mal Unkraut jäten und im Frühjahr ein kräftiger Rückschnitt. Minzen, Melisse, Dost (Wilder Oregano) werden im Frühjahr ganz unten abgeschnitten. Mediterrane Kräuter wie Salbei, Lavendel und Thymian schneidet man im April zwar kräftig, aber nicht bis ins alte Holz zurück.

Um das frische Aroma der Kräuter zu bewahren, schneidet man sie erst kurz bevor sie in der Küche gebraucht werden. Die beste Zeit ist generell der Vormittag, wenn der Morgentau schon abgetrocknet ist.

- Kurz vor der Blütezeit entwickelt sich das beste Aroma, das gilt vor allem bei Salbei, Basilikum, allen Minzen, Melisse und Thymian.
- Zur vollen Blüte werden Lavendel und Malvenblüten geerntet.

Obst im Naturgarten

Obgleich exotischer Herkunft, gehören die klassischen Obstbäume wie Apfel, Birne, Süß- und Weichsel/Sauerkirsche, Pflaumenarten und Marille/Aprikose nach Jahrhunderten bis Jahrtausenden der Kultur bei uns zu den ökologisch wertvollsten Bäumen.

Früher bestimmten Streuobstwiesen das Landschaftsbild, und die sorgten praktisch für sich selbst. Alte Obstbäume mit Holzwurmlöchern boten Brutraum für die Mauerbienen, die sie bestäubten. Nestbauer wie Höhlenbrüter unter den Vögeln, Fledermäuse und Bilche wie Siebenschläfer oder Gartenschläfer fanden einen Lebensraum. Auch zahlreiche heute teils bedrohte Schmetterlingsarten lebten als Raupen auf Obstbäumen. Einige dieser Raritäten waren früher sogar Schädlinge.

Ökologischer und praktischer Nutzen

Der moderne, „saubere" Obstbau mit kürzeren Standzeiten hat viele typische Obstbaumbewohner auf die Roten Listen bedrohter Arten gebracht. Hochstammbäume zu pflanzen und ökologisch zu pflegen gehört daher zu den wertvollen Naturschutzarbeiten. Aber auch andere Obstkulturen sind deswegen nicht wertlos. Auch niedrige Baumformen haben ihre Berechtigung, ermöglichen sie doch auch in kleinen Gärten eine Ernte beziehungsweise die Kultur mehrerer Sorten auf kleinem Raum. Beerenobst ernährt neben dem Menschen auch Vögel, mit den Früchten, die wir nicht ernten.

Exotisches Obst ist dabei auch im Naturgarten keineswegs verwerflich, die Sorten sollten aber sorgfältig ausgesucht werden, und bei An-

Streuobstwiesen haben einen hohen ökologischen Wert.

bau und Pflege gelten die Maßstäbe der Pflanzenschutzpyramide (siehe Seite 43). Wenn der Standort stimmt, können vollreife Früchte mit vollem Aroma und besten Inhaltsstoffen geerntet werden, denn der biologische Anbau beeinflusst die Gehalte der meisten Inhaltsstoffe positiv. Einzig der Eiweißgehalt ist durch fehlende Stickstoffdüngung geringer als in konventionell erzeugten Pflanzenprodukten, was bei Obst aber keine Rolle spielt.

Wichtige Eigenschaft: Widerstandsfähigkeit

Im Naturgarten sind widerstandsfähige Pflanzen besonders wichtig, doch auch in der industriellen und konventionellen Landbewirtschaftung wird immer mehr auf eine Reduktion des Pestizidverbrauchs gedrungen. Resistenzzüchtung ist deshalb heute ein „brennendes" Thema und mittlerweile sind moderne Sorten zum Teil widerstandsfähiger als alte. Erst wenn Schadorganismen auftreten, können aber resistente Sorten ausgelesen werden.

Resistenz wird oft falsch verstanden und mit dem Begriff Toleranz vermischt. Ist eine Pflanze resistent gegen einen Schaderreger, so hat es der Schaderreger schwer, sich auf ihr zu etablieren. Die Pflanze ist als Wirt und Nahrungsquelle ungeeignet. Wird eine Pflanze jedoch genauso befallen wie ihre Artgenossen, kann aber mit dem Schaderreger so gut umgehen, dass kaum Schäden merkbar werden, dann ist sie tolerant gegenüber diesem Schadorganismus.

(*Mehr Informationen zum Thema* ***Obstraritäten im naturnahen Garten*** *gibt es im gleichnamigen Buch. ISBN 978-3-8404-8113-0*)

Die Bestäubung

Früher glaubte man an die Symbiose von Imkern und Obstbauern. Doch erst seitdem die Wildbienen fehlen, wurde klar, dass die Honigbiene zwar ein effizienter Honigerzeuger, aber kein effizienter Bestäuber ist. Nur etwa 16 Prozent der möglichen Bestäubungsleistung im Kern- und Steinobstbau geht auf das Konto der Honigbiene. Die wichtigsten „Obstbestäuberinnen", die im März und April fliegende Gehörnte und die im April und Mai folgende Braunrote Mauerbiene, nisten normalerweise in Holzwurmlöchern. Sie lassen sich durch Insektenhotels fördern, sofern sie nicht durch die konkurrenzstärkere Honigbiene verdrängt werden. In einem Radius von 3 Kilometern um einen Bienenstock haben es Wildbienen schwer.

Viele Obstarten sind übrigens nicht selbstfruchtbar. Für guten Fruchtansatz benötigt man 2 Sorten einer Art, und auch selbstfruchtbare Arten und Sorten fruchten bei Fremdbestäubung besser.

Der Obstbaumschnitt

Für eine optimale Ernte ist der richtige Schnitt wichtig. Wem Ertragsmaximierung und höchste Fruchtqualität nicht so wichtig sind, der braucht auch keinen Obstbaumschnitt. Obstbäume sind durchaus auch in der Lage, „auf sich selbst aufzupassen". Wer sich mit Schnitt beschäftigen möchte, für den gibt es ausreichend Fachliteratur. Sinnvoll ist es, verschiedene Praxisseminare zu besuchen, da es unterschiedlichste Zugänge wie einen sanften oder strengen Schnitt, aber auch spezielle Schnittformen gibt.

Besonders bewährt hat sich …

… vor dem Kauf einer Obstsorte genau darauf zu schauen, was für Standortbedingungen herrschen. Bei veredelten Obstarten spielen Bodenverhältnisse inklusive Feuchtigkeit für die Wahl der Unterlage, Klimaverhältnisse für die Wahl der Edelsorte eine Rolle. Hilfreich ist es auch zu wissen, welche Schaderreger in einem Gebiet überhaupt vorkommen und dementsprechend widerstandsfähige Sorten zu wählen.

Obstvielfalt

Es gibt auch für unsere klimatischen Regionen eine große Auswahl an Obstarten, doch nur wenige werden regelmäßig angebaut. Eine große Arten- und Sortenvielfalt ist aber der beste

Foto: shutterstock.com/daniel o

Die Mispel lässt sich in der Küche vielfältig verarbeiten.

Schutz gegen hohes Schaderregeraufkommen. Hier eine Auswahl interessanter Arten und Sorten:

- Großbäume: Kultur-Birne (*Pyrus communis*), Butternuss (*Juglans cinerea*), Eberesche/ Vogelbeere (*Sorbus aucuparia*), Elsbeere

Obst- und Beerensträucher

Name	Besonderheiten
Berberitze (*Berberis*)	Ist unreif leicht giftig.
Blaue Heckenkirsche/Lenzbeere®/Maibeere® (*Lonicera caerulea*)	Erstes Beerenobst im Jahr.
Dirndl/Kornelkirsche (*Cornus mas*)	Enthält Antioxidanzien.
Echte Feige (*Ficus carica*)	Wächst im Weinbauklima, der Boden muss gut durchlässig sein.
Felsenbirne (*Amelanchier*)	Vogelschutznetze sind oft nötig, um etwas ernten zu können, viele Sorten reifen ab Ende Juni (bis August), also sehr früh im Jahr.
Filzige Apfelbeere (*Aronia arbutifolia*), Hybrid-Apfelbeere (*Aronia x prunifolia*) und Schwarze Hybrid-Apfelbeere (*x Sorbaronia mitschurini*; im Handel als *Aronia melanocarpa* bekannt)	Reich an Vitaminen und Antioxidanzien.
Hagebutte/Wildrose (*Rosa*)	Sehr hoher Vitamin-C-Gehalt.
Mahonie (*Berberis* sect. *Mahonia*)	Erst reif genießbar, Schale aber schon Monate davor umfärbend.
Roter oder Trauben-Holunder (*Sambucus racemosa*)	Wächst in kühlen Lagen.
Sanddorn (*Hippophae rhamnoides*)	Sehr hoher Gehalt an Vitaminen ACE, Vitamin C zum Teil hitzebeständig; in skelettreichen Böden starke Ausläuferbildung, in Lehmböden hingegen kaum.
Straucheberesche (*xSorbaronia*)	Reich an Vitaminen und Antioxidanzien.

(*Sorbus torminalis*), Süß-Kirsche (*Prunus avium*), Marille/Aprikose (*Prunus armeniaca*), Pekannuss (*Carya illinoinensis*), Speierling (*Sorbus domestica*), Walnuss (*Juglans regia*), Mandschurische Walnuss (*Juglans mandshurica*)
- Mittelgroße Bäume: Kultur-Apfel (*Malus domestica*), Nashi-Birne (*Pyrus pyrifolia*), Kaki (*Diospyros kaki*), Kirschpflaume/ Myrobalane (*Prunus cerasifera*), Krieche (*Prunus insititia*), Mirabelle (*Prunus syriaca*), Amerikanische Persimone (*Diospyros virginiana*), Quitte (*Cydonia oblonga*), Zwetschke (*Prunus domestica*)
- Kleinbäume: Indianerbanane/Papau (*Asimina triloba*), Bollweilerbirne, Hagebuttenbirne (× *Sorbopyrus auricularis*), Granatapfel (*Punica granatum*), Sauer-Kirsche/Weichsel (*Prunus cerasus*), Lotospflaume (*Diospyros lotus*), Europäische Mispel (*Crataegus germanica,* syn. *Mespilus germanica*), Pfirsich/Nektarine (*Prunus persica*)

Lianen, Sträucher und Stauden

Einige der Obstgehölze zählen zu den Lianen. Die Brombeere (*Rubus*-Arten und -Hybriden), Taybeere (Himbeer-Brombeer-Hybriden), Schwarze Himbeere (*Rubus occidentalis*), Tafeltrauben (*Vitis*-Arten und -Hybriden) und Loganbeere (*R.* × *loganobaccus*) zählen dazu. Außerdem noch etliche Besonderheiten.

Obststauden

Name	Besonderheiten
Akerbeere (*Rubus arcticus*)	Bevorzugt kühle Lagen, saure Böden.
Allakerbeere (*Rubus x stellarcticus*), Kreuzung aus Akerbeere (*Rubus arcticus*) und Moltebeere, mehrere Sorten	Bevorzugt kühle Lagen, saure Böden.
Bunt-Erdbeere (*p. x rosea*)	Neues Obst; Kreuzung aus Ananas-Erdbeere und Sumpf-Blutauge
Rasen-Erdbeere, „Erdbeerwiese" (*Fragaria × vescana*)	Kreuzung aus Ananas-Erdbeere mit Wald-Erdbeere; Frucht groß, aromatisch und kelchlösend, nicht transportfähig.
Zimt-Erdbeere (*Fragaria moschata*)	Historische Obstart, 2-häusig, Frucht sehr aromatisch.

Baulichkeiten im Naturgarten

Wechselwirkung: Gestaltung und Nutzung

Ein Naturgarten lebt zum einen von der Pflanzenauswahl, der biologischen und ökologischen Pflege und im Besonderen vom Miteinander von Mensch und Natur. Zum anderen spielen aber auch die baulichen Materialien gerade im naturnah gestalteten Garten eine Rolle. Sie sollen sich in das Gesamtbild einpassen und am besten aus der Region stammen. Durch den wegfallenden Transport aus fernen Gegenden wird ein wichtiger Beitrag zum Umweltschutz geleistet. Vor allem Holz und Stein sind wichtige Elemente bei der Gartengestaltung. Immer interessanter werden außerdem recycelte Materialien oder das sogenannte Upcyceln, z. B. wenn alte Dachziegel als Beetbegrenzungen verwendet werden.

Baulichkeiten strukturieren und gliedern einen Garten, sie geben ihm gleichermaßen das Grundgerüst, zumal sie für die Gartennutzung meist unabdingbar sind. Wege benötigen wir, um trockenen Fußes zu den Gemüsebeeten, zum Kompost oder zum Sitzplatz zu gelangen. Sie teilen den Garten aber auch in Räume ein und können sich durch den richtig gewählten Bodenbelag harmonisch in das Gesamtbild einfügen. Wege sollten auf keinen Fall versiegelt und mit Beton und Asphalt gebaut werden. In ungebundener Bauweise verlegte Stein- oder Holzplatten lassen eine spontane Vegetation zu und sehen natürlicher aus.

Zäune stellen Grenzen dar, geben Schutz, sind sinnvoll zur optischen Gliederung verschiedener Gartenräume, z. B. Nutz- und Ziergarten, einsetzbar. Sie sollen abgrenzen und dabei doch einladend wirken. Das geht, wenn warme Materialien wie Holz verwendet werden oder ein kahler Maschendrahtzaun mit robusten Kletterpflanzen bewachsen ist.

Mauern und Stufen sind in fast jedem Garten vertreten. Sie gleichen Höhenunterschiede aus und dienen zur Hangabstufung. Auch ein Geräteschuppen wird oftmals benötigt – mitunter die größte Herausforderung bezüglich einer natürlichen, schönen und langlebigen Bauweise.

Viele bauliche Elemente bieten darüber hinaus einen Lebensraum für Tiere und Spontanvegetation. Die Wahl umweltfreundlicher Materialien ist auch deshalb so wichtig.

Achtung, das bitte nicht!

Bei Holzverbauung im Garten sollten Sie auf keinen Fall chemischen Holzschutz verwenden, der für alle Lebewesen und die Umwelt schädlich ist. Besser ist baulich konstruktiver Holzschutz und die Verwendung von Hölzern wie z. B. Lärche, die keine Behandlung benötigen.

Illustration: Monika Biermaier

Gartenwege sollten nicht versiegelt angelegt werden, sondern wasserdurchlässig, wie bei den dargestellten Beispielen.

Gartenwege

Sollen Gartenwege befestigt sein, bieten sich für den Naturgarten eine wassergebundene Decke oder in Sand verlegte Natur- oder Kunststeinpflaster beziehungsweise frostfeste Terrakottaziegel an.

Wegbreiten Damit 2 Personen bequem nebeneinandergehen können – das ist z. B. bei Zugängen zum Haus empfehlenswert –, muss der Weg mindestens 120 Zentimeter breit sein. Für Trittsteinpfade oder Rasenwege reichen 40–80 Zentimeter. Auf Wegen, die neben Mauern oder Hecken entlanglaufen, geht man ungestört, wenn 30 Zentimeter Abstand gelassen wird.

Gefälle Regenwasser darf auf den Wegen nicht stehen bleiben, ein Gefälle zur Seite hin von 3 Prozent muss schon beim Bau eingeplant werden.

Wegeführung Der Weg zum Komposthaufen oder zur Wäscheleine sollte so kurz wie möglich sein. Künstliche Umwege, z. B. durch einen wellenförmigen Wegeverlauf, sind da eher kontraproduktiv. Anders ist das bei Wegen, die durch den Garten führen. Sie dürfen durchaus auch geschwungen angelegt werden und so neugierig auf Verborgenes machen.

Rasenwege Meist werden immer dieselben Wege genommen; im Rasen bildet sich dann schnell von selbst eine strapazierfähige, dichte Trittvegetation mit Breitwegerich, einjährigem Rispengras und Vogelknöterich. In einer Wiese kann ein Weg gemäht oder die Wiese durch einen gemähten Randstreifen umfasst werden. Das lässt der Wiese ihren wilden Charakter und vermittelt doch Gepflegtheit.

Gartenzäune

Damit sich am Gartenzaun auch mal ein Gespräch ergeben kann und der Blick nach draußen nicht völlig verbaut ist, sollte ein Zaun nicht höher als 120 Zentimeter sein, zur Straße hin oder im Bedarfsfall kann er auch höher sein. Neben einer bunten Sichtschutzhecke mit verschiedenen Gehölzen passen z. B. auch bunte Stauden oder einjährige Sommerblumen gut in den Zaunbereich des Naturgartens.

Holzzaun

Bevor die Holzsteher eines Zauns in den Boden geklopft werden, lohnt sich ein Abflämmen, damit sie nicht so schnell verrotten. Füllen Sie in die vorbereiteten Löcher außerdem gestampften Kalkschotter. Noch haltbarer sind Metallschuhe in Punktfundamenten aus Beton. Damit kein Wasser zwischen Holz und Metall dringen kann, muss der Holzsteher etwas größer als der Holzschuh sein.

Denken Sie daran:

- Holzimprägnierungsmittel sind giftig. Verwenden Sie deshalb haltbare Holzarten wie Lärche und Robinie, die für den Außenbereich gut geeignet sind.
- Gelagertem Kernholz, das lange haltbar ist, ist der Vorzug gegenüber Splintholz zu geben.
- Tropfkanten und abgeschrägte Oberflächen bei Zaunlatten und Geländerholmen sind gute Maßnahmen, um Wasser am Holz zu vermeiden.

Verschiedene Materialien

Außer mit Holz und Naturstein kann im Garten auch mit Sand, Kies und Schotter, Metall, Beton und Recyclingmaterial gebaut werden. Alle Baustoffe haben ihre Vor- und Nachteile. Richtig eingesetzt können sie sich gut in die Gesamtgestaltung des Naturgartens einfügen und ihm einen individuellen Charakter verleihen.

Baustoff Holz

Holz ist ein nachwachsender Rohstoff und lässt sich leicht bearbeiten. Er ist deshalb sehr vielseitig einsetzbar, z. B. für Zäune, Lauben und Rankgerüste. Damit keine chemischen Holzschutzmittel eingesetzt werden müssen, ist die Auswahl der Holzart als „konstruktiver Holzschutz" ebenso wichtig wie der „bauliche Holzschutz", der durch Tropfkanten, abgeschrägte Latten und andere Maßnahmen verhindert, dass Wasser an das Holz gelangt.

Foto: NiG/Haiden

Mit natürlichen Baumaterialien angelegt, sind Gartenwege überaus attraktiv.

Als Naturstoff ist Holz im Garten Feuchtigkeit, UV-Strahlung und vielen anderen Einflüssen ausgesetzt, die die Haltbarkeit vermindern. Neben dem Verzicht auf chemische Holzschutzmittel sollten im Naturgarten auch kesseldruckimprägnierte Hölzer nicht zum Einsatz kommen. Als geeignete Alternative gibt es aber eine ganze Reihe nicht imprägnierter heimischer Harthölzer.

Lärche Das Lärchenholz enthält viele Harz- und Gerbstoffe, die es wetterbeständig und zäh machen. Verschiedene Witterungseinflüsse verursachen zwar das allmähliche Ergrauen des Holzes, die Haltbarkeit wird dadurch aber nicht gefährdet.

Eiche Sogar ständiger Wasserkontakt, z. B. bei Rammpfeilern für Stege, lässt die Eiche „kalt"; Eichenholz zählt deshalb zu den härtesten und dauerhaftesten heimischen Hölzern.

Robinie Eigentlich stammt die auch als Scheinakazie bekannte Robinie aus dem südöstlichen Nordamerika, sie ist aber mittlerweile so stark verwildert, dass sie sich eingebürgert hat. Das harte Holz ist sehr beständig und gut für den Außenbereich geeignet.

Fichte Als Bau- und Konstruktionsholz im Innenbereich, wo es nicht der Witterung aus-gesetzt ist, ist Fichtenholz von größerer Bedeutung. Im Außenbereich ist das Holz wenig witterungsbeständig und nur mit gutem baulich konstruktiven Holzschutz verwendbar.

Kiefer Kiefern-Kernholz ist sehr beständig und auch resistent gegen Hausbockkäfer und Gewöhnlichen Nagekäfer. Allerdings darf es nicht in Bodenkontakt kommen. Das Splintholz ist dagegen nicht so beständig.

Baustoff Naturstein

Es gibt regional eine Vielzahl unterschiedlicher Natursteine, die sich als Baustoff im Garten hervorragend eignen, weil sie sehr lange halten, belastbar sind und mit der Zeit eine schöne Patina bekommen. Bei Kunststeinprodukten ist das nicht der Fall. Man sieht ihnen meist schon das „Künstliche" an. Mit Natursteinen können Sie Wege pflastern, Trockensteinmauern und Treppen anlegen und Ufer von Schwimmteichen befestigen.

Wie auch schon beim Holz gibt es zwischen den Natursteinarten Unterschiede in der Verwendung. Es hängt von der mineralischen Zusammensetzung der Steine ab, wie dauerhaft und wie leicht sie zu bearbeiten sind.

Granit Der feste harte Stein ist schwer zu bearbeiten und überaus haltbar – der ideale Pflasterstein.

Gneis Das Hartgestein hat einen höheren Glimmeranteil und ist deshalb weicher als Granit. Gneis eignet sich als Mauerstein und Plattenmaterial.

Granulit Im Naturgarten ist Granulit – ein sehr harter Gneis – als Platten- und Mauerstein geeignet.

Kalkstein Regional sind durch verschiedene mineralische Beimengungen die Färbungen und Texturen vom recht weichen Kalkstein sehr unterschiedlich. Er wird als Schotter und Splitt für den Wegebau eingesetzt oder als Mauerbaustein für Trockenmauern.

Baustoffe Sand, Kies, Splitt, Schotter

Die Form der Einzelkörner und die Körnungsgröße entscheiden darüber, in welche Kategorie die Steine kommen. Natursand, Kies, Splitt und Schotter. bilden den Unterbau für Wege und Plätze. Darüber hinaus sind sie aber auch ideale Standorte für heimische Wildpflanzen, die häufig karge und trockene Standorte bevorzugen.

Körnerform und Körnungsgröße im Überblick

Bezeichnung	Größe	Verwendung
Natursand	0–2 mm	Dient zum Abmagern nährstoffreicher Standorte; Brechsand (Sand aus gebrochenem Material) dient v. a. als Deckschicht von vegetationsfähigen Schotterflächen.
Kies	2–63 mm	Oberste Schicht für Gartenwege, größere Rundkiese sind für die Herstellung eines Katzenkopfpflasters geeignet.
Splitt	2–32 mm	Gebrochener Naturstein, der v. a. als Bettungs- und Fugenmaterial für Pflasterungen und Plattenbeläge gebraucht wird oder als Ausgleichsschicht unter Trockenmauern.
Schotter	32–63 mm	Gebrochener Naturstein, als Unterbaumaterial für Wege und Plätze geeignet, Deckschicht bei Schotterrasen, zum Abmagern nährstoffreicher Standorte.

Wie viel Natur verträgt ein Garten?

Foto: NiG/Heiden

Foto: NiG

In einem Naturgarten gibt es für Kinder viel zu entdecken.

Der Garten ist ein lebendiger Raum. Besonders der naturnahe Garten kann als verbindendes Glied zwischen dem Menschen und der Natur betrachtet werden. Er ist der Bereich, in dem natürliche Prozesse stattfinden können – hier kann sich buntes Leben entwickeln.

Der Mensch ist hier Beobachter und aktiver Gestalter des kleinen „Naturraums Garten" und ist selbst Teil davon. Als Gärtner und Gärtnerin werden wir zu Handelnden mit bestimmten Rechten, Pflichten und unserer Verantwortung gegenüber den anderen Mitgliedern dieser Lebensgemeinschaft.

Garten, das bedeutet sprachgeschichtlich gesehen „das Umzäunte". Der Zaun definiert deutlich das „Innen" und „Außen", das „Mein" und „Dein" beziehungsweise das „Private" und „Öffentliche". Innerhalb des Zauns spielt sich das private Leben ab, hier können Bedürfnisse wie Erholung, Entspannung und schöpferisches Tun Erfüllung finden.

Gärten sind auch ein Beitrag zum Naturschutz. Die Bedeutung der Hausgärten als Lebensraum der heimischen Flora und Fauna ist dann besonders groß, wenn gezielt naturnahe Flächen im Garten geschaffen werden.

Foto: NiG/Haiden

Holzzäune sind wichtige Naturgartenelemente, die sich harmonisch in das Gesamtbild einfügen.

Ähnlich wie viele Kulturlandschaften, z. B. Almweiden und Obstbaumwiesen, können Gärten durch die Bewirtschaftung des Menschen eine höhere Artenvielfalt an Fauna und Flora aufweisen als etwa die umgebenden „natürlichen" Standorte, wenn etwa auf 500–1000 Quadratmetern Fläche eine große Vielfalt an verschiedenen Strukturen und kleinräumige Lebensbereiche vorkommen, nämlich Heckenlandschaft, Wiese, Feucht- und Trockenbiotope.

Es werden Lebensräume geschaffen, in denen sich Arten entfalten können. Auch ein sogenannter Naturgarten kann jedoch nur eine Annäherung an die Natur sein. Der Garten kann nie Natur – also Unberührtes und Unbeherrschtes – selbst sein, weshalb Naturgärten oft auch treffender als naturnahe Gärten bezeichnet werden. Im Garten werden immer mehr oder weniger vorrangig menschliche Bedürfnisse erfüllt, denn auch die Naturnähe muss hier vorrangig als solches gesehen werden. Die menschlichen Bedürfnisse müssen jedoch nicht gegen die Bedeutung als Naturfläche sprechen – sie können im Einklang mit der Natur stehen, sofern ökologische Ansprüche des Naturgartens Beachtung finden.

Gärten haben auch etwas mit Ordnung zu tun. Sie wird als solche verspürt, wenn alles an seinem Platz ist. Ordnung ist demnach immer ein subjektives Empfinden. Auf den Garten übertragen kann Ordnung bestehen, wenn die Wünsche des Menschen nach einer gewissen Ästhetik, wie Geländecharakter, Formen und Farben, erfüllt werden. In einem Garten kann jedoch auch die natürliche Ordnung ihren Platz finden. Wildwuchs kann das ästhetische Empfinden von Menschen stören. Wenn man es zulässt, gewinnt man jedoch einen Lebens- und Rückzugsraum diverser Pflanzen und Tiere, die nur in diesem „wilden Eck" eine Überlebenschance im Garten haben.

Diese „Naturordnung" muss nicht einem ungepflegten Garten entsprechen. Das Bild vom chaotisch ungepflegten Naturgarten ist schon längst überholt. Denn auch innerhalb von klaren Gestaltungslinien eines streng formal angelegten Gartens lässt sich ein Stück Blumenwiese sowohl als ein Teil menschlicher als auch natürlicher Ordnung erkennen. Vielfalt und formale Gestaltung müssen nicht im Widerspruch zueinander stehen. Den Gestaltungsmöglichkeiten von Gärten sind keine Grenzen gesetzt, sind sie doch auch ein wichtiges kreatives Betätigungsfeld für alle Gärtnerinnen und Gärtner.

Sich im Garten wohlfühlen

Der hausnahe Grünraum kann eine Vielfalt an Bedürfnissen für den Menschen erfüllen. Sie reichen von Erholung, Förderung der Gesundheit, Spielraum, Selbstversorgung durch Nutzgarten, gestalterischer Kraft, Beobachtung und Kontemplation, Ruhe und Abgrenzung, Naturerlebnis bis hin zum Ort der Erfüllung einer bestimmten Lebensweise.

Je vielfältiger ein Garten angelegt wird, desto mehr dieser Bedürfnisse erfüllt er. Hier kann Ruhe gefunden werden, wenn auch die Gartenarbeit in tätiger Konzentration entspannt abläuft. Und nicht nur Kinder können in einem naturnahen Garten im wahrsten Sinne der Worte ihr Leben begreifen, befühlen, beriechen, betasten und belauschen.

Wenn einheimische Pflanzen die Tierwelt in die Gärten locken, bietet der Garten für Jung und Alt einen wichtigen Erlebnisraum, der dafür sorgt, dass wir die Natur verstehen lernen und mit ihr leben.

Foto: NiG/Haiden

Laufenten sind gute Schneckenvertilger.

Register

A

Aerifizieren .... 66 ff.
Aerifizierer 67
Algenkalk 31
Algen .... 88,90 ff.
Algenwachstum 90
Amphibien 51,58,89
Auslichten 63
Ausschneiden 81

B

Baumschnitt 74
Beerenobst 109,112
Begleitstauden 79
Begrenzungsschritt 62
Beikrautbedeckung 95
Beikräuter 10,28,41,
.... 46,58,63,81,95,97,107
Bewässerungsanlage 38
Bewässerungskonzept 38
Bewässerungsmaßnahmen 39
Binder .... 85 ff.
Biogemüse 101
Biokontrolleigenschaften 30
Biotop 37,47,49,59,87,122
Biotopvernetzung 47
Blattläuse 9 f.,26,41,
...............47,51,53,55,95 ff.,104 f.
Blumenwiese 15,34,57,
.... 59,65,67 ff.,123
Bodenarten 22
Bodenbearbeitung 14,19,38,
....45,55
Bodenbeschaffenheit 94
Bodenleben 10 f.,14,20,
.... 25,28,30,33,63,66
Bodenlebewesen 19,21 f.,106
Bodenpflege 19
Bodenhorizont 22
Brühe 26 f.,41,43,
....................................45,55,88
Brutraum 9,13,109

D

Dirndlsträucher 60
Düngung 19,26 f.,30,
..........43,45,55,63,66 f.,73,90,93

E

Eibe 60
Eidechsen 51 ff.,58
Einjährig 61,76,81,
.... 94,97 f.,104,117
Endophyten 21
Erdkröten 51
Erhaltungsschnitt 63

F

Fledermausquartiere 58
Fruchtansatz 10,111
Fruchtfolge 14,29,43,45,55,103 f.
Füllstauden .... 78 f.
Fundamentsteine 85
Fungizide 10,41

G

Gartengestaltung 49,71,115
Gartenwege .... 36,116,118 f.
Gartenzaun 96,117
Gefälle 37,116
Gelbsenf 29,34,105,107
Gemüsegarten 15,25,28,
...............45,53,100 f.,104 ff.,108
Geräteschuppen 115
Gesteinsmehl 31
Gneis 84,119
Granit 23,25,84,119
Granulit 84,119
Großbäume 112
Gründüngung .... 14,25,28 f.,
.......................34,38,103 f.,106 f.
Gründüngungspflanzen 19,28,34,
.... 103 ff.

H

Haarwurzeln 39,66
Hainbuche 60
Hausbau 34,77
Hausbaum .... 70 ff.
Herbizide 10,41,66,68
Holz ..... 58,60,75,109,115,117 ff.
Holzschutzmittel .... 117 f.
Holzverbauung 115
Holzzaun 117
Hummeln 51,61,76
Humusschicht 33

I

Insekten 10,15,28,33,41,
..50 ff.,60,65,73 ff.,77,96,105,108
Insektizide 10,41

J

Jauche . 14,19,25 ff.,43,45,55,96

K

Kalkstein 23,84,119
Kaltwasserauszug 46
Kletterpflanzen 61 f.,115
Klimaschutz 33
Kompostierung .... 14,31 f.
Komposttee 27,30,43,45,55
Kornelkirschen 60
Krankheitserreger 30,45,74
Kräuterbeet 100,108
Kräuterrasen .... 8,15,63 ff.
Krümelstruktur 22,24,33,66
Kulturschutznetze 53,55

L

Läufer 85
Laufkäfer 58
Lebensgemeinschaften 20
Lehmboden 24,94
Leimringe 43,46,53,55
Libellen 58
Liguster 60

M

Mauerbienen 109
Mauern .... 47,84 ff.,87,115 f.
Mauerritzenvegetation 95
Mehltaupilze 41
Mikrokosmos 19
Mikroorganismen 20 f.,25,27,

....................................30,46,93
Mischkultur 8,14,42,
.........................45,55,100 ff.,108
Mischkulturgarten 103
Mischrasen 15,17
Mulchen . 14,25,28,33,38,55,100
Mulchmahd .... 65 f.
Mulchmäher 33
Mulchmaterial .. 14 f.,38,103,107
Mykorrhiza 9,107

N
Nachblütenschnitt 81
Nährstoffbedarf 15,30,98,103
Nährstoffgehalt 63,94
Natursteine 83 f.,118
Nützlinge . 9 f.,13,15,17,43,45 ff.,
..53,55,58,60 f.,82,96,98,105,108
Nützlingshotels ... 17,44,49,55,58

O
Oberboden 22 f.,34
Obstarten 111
Obstbau 45,53,109
Obstbaumschnitt 45,111
Obstkulturen 109
Ökosystem .... 19 f.

P
Pestizide .... 4,8,10,13 f.,
.........................17,41 f.,53,55,57
Pflanzen-Bakterien-
Gemeinschaft 21
Pflanzenbrühe 25,27
Pflanzengesundheit 30,46,102
Pflanzenhormone 68
Pflanzenjauche 15,27
Pflanzenschutzmittel 7,10,14,
17,19,33,41 ff.,46 f.,50 f.,53,55,89
Pflanzenschutzpyramide 43,53,
....110
Pflanzenstärkung 27,31,43,45
pH-Wert 25
Phacelia 29,104 f.,107
Planktonalgen 91

R
Rasengittersteine 37
Rasenunkrautvernichter 68
Rasenwege .... 116 f.
Räuber-Beute-Beziehungen 47
Recyclingmaterial 117
Regenwasser 11,35,39,116
Remontierschnitt 80
Reptilien .... 50 f.
Rhizosphäre 20

S
Sandboden 22,24
Sandstein 23,24
Säugetiere 50,53,73
Schaderregeraufkommen 112
Schädlingsvertilger 105
Schlämmprobe 24
Schmetterlinge 58,96
Schnecken 29,31,39,41,51,58,92
Schnittformen 111
Schnitthecke 60
Schotterrasen 68 f.,119
Schotterrasenmischung 69
Schwebfliegen .... 51,58,96 ff.
Sichtschutzhecke 62,117
Solitärstauden .... 78 f.
Sommerblumen 76 f.,81,117
Sonderstandorte 58
Sortenwahl 44
Spinnmilben 26,47
Spontanvegetation 58,95 f.,98 f.,
....115
Standortwahl 44,71
Steinmauern .... 44,47,53,57,82 f.
Stickstofffixierung 21
Stoffkreislauf 19
Streuobstwiesen .... 109 f.
Sumpfpflanzen 91,93
Symbiose 21,107,110
Systemische Mittel 41

T
Teichanlage 88
Teichfolien 88
Teichorganismen 88
Ton-Humus-Komplex 22,24
Tonboden 24
Torf 4,10,11
Trockenbauweise 85
Trockenmauern 83,85,119
Trockenzeiten 39,66

V
Verdichtung 14,22,34,67,74
Verdriftung 17,90
Verjüngungsschnitt 62,73
Verrottungsvorgang 31
Versiegelung 35
Vögel 33,50,53,
.....................61,71,73,77,94,109

W
Wasserlandschaften 87
Wasserqualität 90
Wasserversorgung 38,94
Wegbreiten 116
Wegebeläge 37
Wegeführung 117
Wespenarten 73
Wildbienen .... 49,73,110 f.
Wildes Eck 58,96
Wildkräuter 9,105
Wildpflanzen 10,58,95,119
Wildstrauchhecken 49,53,60
Wildwuchs 58,122
Winterwicke 107
Wurmkompost 27
Wurzelkonkurrenz 62
Wurzelsystem 29,39,95

Z
Zierrasen 15,17,63,65,68
Zweijährig 76

Impressum

aVBUCH im CADMOS Verlag

Gestaltung: www.ravenstein2.de
Satz: www.pinkhouse.at
Fotos: Natur im Garten, shutterstock.com, fotolia.com
Illustrationen: Monika Biermaier
AutorInnen-Team: Katja Batakovic, Margit Beneš-Oeller, Gregor Dietrich, Bernhard Haidler, Peter Kunert, Leopold Mayrhofer, Stefan Streicher, Stefan Strobelberger, Daniela Tüchler und Christina Wundrak
Lektorat: Christine Weidenweber, www.verbene.eu
Coverfoto: Natur im Garten, A. Haider
Druck: www.graspo.com

Deutsche Nationalbibliothek – CIP-Einheitsaufnahme
Die Deutsche Nationalbibliothek verzeichnet diese Publikation in der Deutschen National-bibliografie; detaillierte bibliografische Daten sind im Internet über http://dnb.ddb.de abrufbar.

Printed in EU

ISBN: 978-3-8404-8126-0

o: Shutterstock/ nature photos

Buchtipps

Helga Buchter-Weisbrodt
PARADEISER (TOMATEN) IM NATURNAHEN GARTEN

96 Seiten, farbig,
broschiert,

ISBN 978-3-8404-8116-1

Margit Beneš-Oeller
KLIMAANLAGE NATURGARTEN

80 Seiten, farbig,
broschieert

ISBN 978-3-8404-8125-3

Auch als E-Book erhältlich

Monika Biermaier
NÜTZLINGSQUARTIERE FÜR NATURNAHE GÄRTEN

80 Seiten, farbig,
broschiert

ISBN 978-3-8404-8105-5

Auch als E-Book erhältlich

Gerhard Weber
ROSEN FÜR NATURNAHE GÄRTEN

128 Seiten, farbig,
gebunden

ISBN 978-3-8404-7565-8

Ilse Wrbka-Fuchsig & Monika Biermaier
HOCHBEETE NATURNAH GESTALTEN

96 Seiten, farbig,
broschiert

ISBN 978-3-8404-8104-8

Auch als E-Book erhältlich

Elisabeth Koppensteiner
ÖKOLOGISCHER PFLANZENSCHUTZ IM NATURNAHEN GARTEN

128 Seiten, farbig,
broschiert

ISBN 978-3-8404-8127-7

Auch als E-Book erhältlich

CADMOS Verlag www.cadmos.de

Cadmos Verlag GmbH | Englmannstraße 2 | 81673 München | Tel. +49 (0) 89 451 0851 | vertrieb@cadmos.de